U0263349

高含硫气田净化系统
典型故障案例及应急处置

崔吉宏　　管红滨　　吴基荣 等◎编著

中国石化出版社
HTTP://WWW.SINOPEC-PRESS.COM

图书在版编目（CIP）数据

高含硫气田净化系统典型故障案例及应急处置／崔吉宏，管红滨，吴基荣等编著．—北京：中国石化出版社，2020.6

ISBN 978-7-5114-5849-0

Ⅰ.①高… Ⅱ.①崔… ②管… ③吴… Ⅲ.①气田-含硫气体-气体净化设备-故障诊断-案例②气田-含硫气体-气体净化设备-故障诊断-应急处置 Ⅳ.①TE969

中国版本图书馆 CIP 数据核字（2020）第 085838 号

中国石化出版社出版发行

地址：北京市东城区安定门外大街 58 号
邮编：100011　电话：（010）57512500
发行部电话：（010）57512575
http://www.sinopec-press.com
E-mail：press@sinopec.com
北京科信印刷有限公司印刷
全国各地新华书店经销

＊

710×1000 毫米 16 开本 12 印张 206 千字
2020 年 11 月第 1 版　2020 年 11 月第 1 次印刷
定价：108.00 元

编委会

前 言

进入 21 世纪以来，随着石油资源的日益紧缺和环保要求的不断提高，天然气作为一种优质、高效、清洁的低碳能源，在我国能源消费结构体系中所占比例逐年上升，2020 年天然气占我国一次能源消费比例达到 8.3%~10%，而现阶段我国天然气对外依存度仍较高，2018 年我国天然气进口量首次超过日本，并成为全球第一大天然气进口国，对外依存度升至 45.3%，故加快国内天然气产业发展，是我国加快建设安全、高效的现代能源体系的必由之路。随着天然气开发由陆相战场逐渐深入到海相战场，高含硫天然气田的开发成为我国天然气发展的一个重要增长极。探明并即将投入开发的高酸性气田酸气组成复杂，采出气必须经过净化才能作为产品外输，现阶段须加快国内天然气开采及净化处理进程。

高含硫天然气净化厂作为高含硫气田开发建设和安全、效益运营的关键组成部分，承担着气田含硫天然气的脱硫、硫黄回收等工作，是向社会供应优质清洁能源的重要保障，因此实现高含硫天然气净化厂的安全、高效运行，对推动节能减排、缓解国内天然气供需矛盾、实施国家天然气发展战略具有重要作用。

坐落于四川省广元、南充、巴中三市境内的元坝气田，是中国石化开发建设的第二个特大型高含硫气田，也是国家川气东送工程的三大气源地之一，矿区面积 3251 平方千米，已探明地质储量 2194 亿立方米，是目前世界上埋藏最深、地质情况最复杂的生物礁海相大气田。

作为元坝气田开发建设和安全、效益运营关键组成部分的元坝净化厂，地处广元市苍溪县，厂区占地 51.1 公顷，日处理高含硫天然气 1200 万立方米、年处理 40 亿立方米，年产净化天然气 34 亿立方米，年产工业硫黄 32 万吨，是目前中国第三大规模的高含硫天然气净化厂。净化产出的天然气通过气田联络线汇入"川气东送"长输管道，自西向东输往四川、重庆、湖北、安徽、浙江、江苏、上海等省市，为沿线城市提供了源源不断的清洁能源，大大提高了为川渝地区和长三角地区供应天然气的能力。

元坝高酸性气田气质复杂，酸气中 H_2S 含量达 5.56%，有机硫含量 $362mg/m^3$，高酸性、高有机硫、高碳硫比、强腐蚀性的天然气净化难度高，工艺介质毒性大，腐蚀性强，运行工况高温、高压，投运前国内尚无自主天然气深度净化工艺成功应用案例。元坝气田净化厂基于普光气田引进的天然气净化工艺技术，通过研究开发和集成再创新，成功开发并应用了具有中国石化自主知识产权的工艺包技术，首次实现了高含硫天然气净化成套技术国产化，设备国产化率达到 85%，一体化自动控制、智能化运营整体达到国际先进水平；在元坝气田净化工程投产运行过程中，由于对新工艺和新设备学习掌握的局限性及其他各方面原因，各类设备、仪表及系统等在运行中出现了诸多故障，为总结经验，聚焦安全环保抓小、抓早、盯异常，特总结元坝高含硫天然气净化厂自建厂以来所有异常报警事件及故障处置案例，分析、探索涉硫天然气净化处理工厂高危化学品生产过程安全环保风险辨识和管控的客观规律和运维经验，以此指导现场生产运行，高效处理同类故障，减少故障的发生，从而实现气田的安全、平稳、高效运行，取得了良好的社会效益与经济效益。为同类型天然气净化装置提供了宝贵的超前预警、安全操作、应急处置等经验。

　　本书作者是元坝气田的开发建设、调试投产及生产运行管理的参与者和见证者，参加了元坝气田净化工程的开发建设、调试投产及生产运行管理工作。同时，本书是作者团队对元坝高含硫天然气净化厂调试投产及生产运行管理经验的全面总结，是现场工作实践的积淀。作者团队收集了自投产四年以来所有的故障案例，经过认真筛选提炼，不断修改完善，形成本书。

　　要特别说明的是，本书的基本素材源于上百名参与气田净化工程投产试运人员的劳动成果，特别是基层车间技术骨干，为本书的编写提供了翔实的现场素材，应视为本书的主要撰写者。崔吉宏、吴基荣、周家伟、曹文全、李景辉、李治鹏、刘滢、叶世贵、李凯、刘钊、蒋建国、陈亮、胡国林、李林龄、李长春、宋伟、周榆、谷卓然、刘圆、李思、李跃杰、景瑞峰、王萌、张永涛、朱超、吉喆等负责净化装置常见故障判断与处理的编写；管红滨、张建东、曹振涛、邵德超、杨鹏昊、付川伟、陈臣、龙飞飞、韩晓兰、谌波、杨易、房晶晶、全斌、李涛、孙明峰、王剑锋等负责公用工程系统常见故障判断与处理的编写；周隼、李竹、罗浩诚、张守军、周斌洪、何云、程祎、任聪、谢锡彬、梁园等负责硫黄储运系统常见故障判断与处理的编写；朱亚军、朱鹏、罗毓肇、毕泉云、王勇、邓建、任雪英、刘康宁、刘泽明等负责电气系统常见故障判断与处理的编写；赵勇、吴小富、王希刚、马东超、李天宇、颉志杰、黄成等负责仪表系统常见故障判断与处理的编写；苗华、陈辉、夏吉佳、姜玉峰、高洋洋等负责在线分析仪表及取样器系统常见故障判断与处理的编写；陈镭、蒋波、吴建忠等负责电信系统常见故障判断与处理的编写。此外，崔吉宏、管红滨、吴基荣、张建东、周家伟、曹振涛、周隼、曹文全等对本书进行了统稿。

在此，向他们对本书作出的贡献表示衷心的感谢。同时，对所有参与元坝气田高含硫天然气净化厂投产、运维的工作者表示深深的敬意。

本书可作为净化业务员工的培训教材、现场工程师日常管理的应用手册，可指导员工快速辨识及处置天然气净化厂在投产、试运、运维等过程中易遇到的典型故障；可作为高含硫天然气净化、硫黄回收装置等行业创新技术工业化应用的重要指导用书；亦可作为借鉴工厂安全、环保管理经验的参考用书。

由于笔者水平有限，书中或有不足，给读着带来诸多不便，在此深表歉意，并诚恳地接受批评和指正。

编著者

目　录

第一章 净化装置常见故障判断与处理

本章主要对高含硫气田净化装置常见故障的现象、原因和处理措施进行详细分析和描述，案例主要以故障发生的原因进行分类，包含操作原因、电网原因、仪表原因、设备原因、工艺原因、其他原因六大类的 49 例典型故障，为同类净化装置相似故障的判断与处理提供借鉴。

第一节 操作原因

天然气净化装置的生产运行是一个连续不间断的过程，智能化数字控制技术推广实现了工厂的远程智能化精准控制，但现阶段大部分的生产运行仍然依托操作人员进行调控，本节主要介绍 12 例由于人员操作原因引发的净化装置故障，通过故障原因及过程的分析，可为同类净化装置在阻泡剂加注、机组切换、调节阀操控等方面提供借鉴。

一、消泡不当致产品气超标及尾气超标

（一）故障描述

某日，某厂原料气处理总量为 $975×10^4 m^3/d$。9：00❶，气田上游进行批处理作业，降量 $60×10^4 m^3/d$，期间原料气量波动超 $100×10^4 m^3/d$。

14：00，批处理结束，恢复原处理量后，净化装置脱硫系统出现严重发泡现象，富液闪蒸罐闪蒸气量从 $237 m^3/h$ 快速上涨，6min 内达到 $1126 m^3/h$。30min 后，净化装置产品气中的 H_2S 含量从 $0.78 mg/m^3$ 快速上涨，最高达到 $24.42 mg/m^3$，超过国家一类商品气控制指标。同时，尾气焚烧炉 SO_2 含量快速上涨，最高达到 $1394 mg/m^3$，超出 $960 mg/m^3$ 的国家标准。

---

❶本书中所述时间均为 24h 制。

（二）原因分析

1. 产品气 H$_2$S 超标原因

批处理结束、产量恢复时，部分批处理杂质进入净化装置，导致胺液发泡。虽然运行班组已经判断净化装置脱硫系统胺液发泡并分别在胺液再生塔和富液闪蒸罐各加注30s消泡剂，但在操作过程中没有关注和控制好几个关键点。溶剂再生系统大幅波动，胺液再生不合格，是净化装置产品气 H$_2$S 超标的根本原因。

（1）脱硫塔液位控制失误。在胺液发泡时，过分关注脱硫塔的压差，而对液位没有过多地关注。由于脱硫塔内溶剂发泡严重，脱硫塔液位出现了液位上升的趋势。在脱硫塔液位自动控制情况下，脱硫塔底部液位控制阀的阀位自动开大，富胺液大量进入富胺液闪蒸罐，闪蒸气快速上涨，引起闪蒸气量大幅波动（图1-1）。

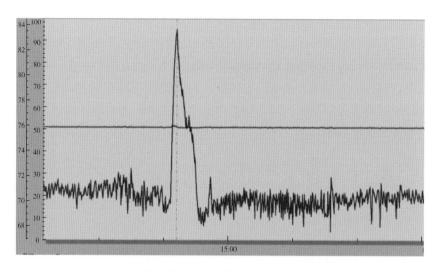

图1-1　脱硫塔液位和液位控制阀的阀位趋势图

（2）富液闪蒸罐压力控制失误。在进入富液闪蒸罐的富液量本就大幅增加时，反而对其加注30s的消泡剂进行消泡处理，加剧闪蒸气量的上涨，导致其压力快速上涨（最高至0.71MPa）。而由于富液闪蒸罐压力的快速上涨，短时间内进入再生塔的富液量大量增加，在再生塔底部重沸器再生蒸汽未增加的情况下导致再生胺液不合格。最终不合格胺液进入脱硫塔后，不能完全吸收原料气中的 H$_2$S，造成净化装置产品气 H$_2$S 超标。

2. 尾气 SO_2 超标原因

尾气 SO_2 超标的根本原因是再生胺液不合格，导致尾气吸收塔吸收效果不佳。尾气吸收塔顶的 H_2S 在线分析从 129.2ppm❶ 快速上升达到 400ppm（已超量程），导致尾气 SO_2 超过 960mg/m^3，最高达到 1394mg/m^3。

（三）故障处置

（1）降低净化装置处理负荷，切除产品气外输，打开净化装置产品气放空，防止外输总网产品气超标。

（2）向尾气吸收塔和脱硫塔中加注消泡剂，消除装置发泡现象。

（3）脱硫塔和富液闪蒸罐的液位控制阀改为手动控制，稳定进出流量，调控富液闪蒸罐压力，控制克劳斯炉配风。

（4）维持胺液循环再生约 1h，湿净化气中 H_2S 含量达到 6mg/m^3 以下后产品气恢复外输。

（四）经验教训

（1）批处理前，各净化装置分批次进行一次消泡处理；批处理过程中，分批次对各个净化装置进行消泡剂加注，同时注意管网总硫情况；批处理结束后，在总硫允许的情况下，各净化装置再进行一次消泡处理，对有发泡趋势的装置优先处理；为保障消泡彻底，可适当延长消泡剂加注时间。

（2）在净化装置溶剂出现发泡时，应密切关注包括压差、压力、液位及调节阀阀位的变化。在出现波动时，因发泡易造成假液位上涨，应第一时间将自动控制的流量调节阀改手动控制。

（3）当单套净化装置产品气 H_2S 含量>6mg/m^3 时，图幅总管产品气在线 H_2S 监测有超过 6mg/m^3（国家一类商品气的标准）的风险，应对该净化装置进行单独放空直至合格。

二、大幅度调节阀位致尾气吸收塔底泵联锁跳车

（一）故障描述

某日，某厂净化装置内操人员对尾气吸收塔底泵出口流量进行调整时，造成

---

❶1ppm = 10^{-6}。

泵入口流量异常波动。19:51，触发流量低低联锁停车信号，尾气吸收塔底泵跳车，湿净化气放空。

20:03，内操人员关闭湿净化气放空(放空量约为 5000m³)。

20:10，现场重启尾气吸收塔底泵，因停车联锁未摘除，启动失败，湿净化气再次放空。

（二）原因分析

本次尾气吸收塔底泵跳车原因是净化装置内操人员对尾气吸收塔底泵 B 出口流量进行调整时，大幅度改变阀位，造成流量波动异常，触发联锁所致。19:50，内操人员将泵出口阀位由 24.6%手动输入增至 34.5%，流量快速上涨，尾气吸收塔底泵出口总管压力下降。此时，内操人员采取小阀位动作关阀。流量继续上涨至 198t/h。19:51，内操人员将阀位由 32.3%开度直接降至 24.5%，造成管道内大流量流体突然节流，流量骤降至 100t/h 以下，触发流量低低停车联锁，尾气吸收塔底泵停车。

造成流量低低的客观原因有两种：一是机泵突然开大出口调节阀，会造成泵入口管道流速突增，系统内杂质被大量带出，堵塞泵入口过滤网。二是瞬时关小调节阀约 8 个百分比阀位，至原始阀位的 24.5%，会造成流量突然节流降低至联锁值。

（三）故障处置

（1）20:03，内操人员关闭放空(放空量约为 5000m³)。

（2）20:04，外操人员启动尾气吸收塔底备用泵，建立循环，装置重新恢复生产。

（3）19:56~20:14，尾气超 960mg/m³，持续时间 18min；20:25，尾气恢复正常值。

（四）经验教训

（1）各操作岗在对工艺参数进行调整时，要执行平稳操作的原则，养成良好的操作习惯。尤其是在对可能触发联锁、造成质量事故、排放物超标等关键参数进行调整时，要杜绝大幅度改动控制阀位的行为。

（2）在尾气吸收塔底泵 B 停车后，优先启动备用泵尾气吸收塔底泵 A。启动前，要确认停车联锁处于旁路状态。

（3）这次事件说明在调整恢复阀位时，不能直接简单地关回原阀位，应在中间阀位 30%处稍停顿，流量稳定后再向下关；或者采取摘除流量低低联锁的措施后，再进行阀位调整。

三、误点停炉按钮致尾炉停炉及克劳斯风机跳车

（一）故障描述

某日，某厂于 11:50，净化装置尾炉长明灯闪灭，外操人员至现场重点长明灯；17:35，净化装置尾炉长明灯再次闪灭，现场多次重点均无法点燃，内操人员联系现场仪表人员对尾炉长明灯进行检查。

19:09，净化装置尾炉联锁紧急停炉，尾炉温度快速下降（由 601℃降至 343.8℃），装置自产高压蒸汽压力（由 3.62MPa 降至 3.49MPa）、流量（由 17.8t/h 降至 11.9t/h）、温度（由 398.6℃降至 244.7℃）开始迅速下降。克劳斯汽驱风机跳车（图 1-2）。

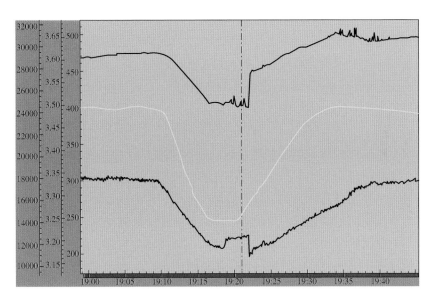

图 1-2　净化装置的自产高压蒸汽压力、温度、流量下降 DCS 趋势

（二）原因分析

根据历史记录得知，尾炉停炉的直接原因为现场的紧急停炉按钮被按下，导致尾炉联锁停炉。

净化装置尾炉长明灯在 11：50 及 17：35 出现闪灭情况，多次重点均无法点燃后；17：38，内操人员联系现场仪表人员对尾炉长明灯进行检查。现场仪表人员对尾炉长明灯进行检查后决定对长明灯进行更换。根据现场工作视频显示，在 19：09 现场仪表人员拆除损坏的长明灯，拆下的长明灯有明显回火烧损的现象，在安装新长明灯的过程中，现场仪表人员不慎触碰到现场的停炉按钮，导致尾炉停炉。

尾炉停炉后，炉温快速下降，尾炉汽包出口的蒸汽温度、流量、压力快速下降，导致克劳斯汽驱风机非驱动端振动值快速上涨并最终联锁停车。

（三）故障处置

（1）19：18，外操人员重点尾炉成功。

（2）19：20，克劳斯汽驱风机非驱动端振动高高联锁跳车(因克劳斯汽驱风机为备用状态未引发克劳斯炉及加氢炉停炉)，现场人员打开克劳斯汽驱风机的现场排凝阀，并关闭克劳斯汽驱风机出口手阀。

（3）19：32，外操人员将克劳斯汽驱风机引 3t/h 蒸汽暖管，净化装置恢复正常生产。

（四）经验教训

（1）高负荷运行条件下，由于过程气流量较大，在尾炉停炉后其炉温降低非常快，进而尾炉汽包出口的高压蒸汽流量、温度、压力也将快速下降，最终影响克劳斯汽驱风机的正常运行；尾炉停炉后，若装置使用克劳斯汽驱风机，则优先将克劳斯电驱风机启动并切入系统。克劳斯汽驱风机停机后，外操人员须立即打开风机的现场排凝阀，并关闭出口至低压蒸汽的大阀；内操人员通过高压蒸汽减温减压器调整高压蒸汽管网的压力。

（2）在尾炉长明灯出现故障需要更换时，由于需要停尾炉操作箱的电进行接线操作，故在操作前需要提前旁路尾炉主火检，防止在断电瞬间尾炉火检丢失联锁停炉；作业过程中，外操人员须全程观察现场尾炉燃烧状态。

（3）外操人员在对现场作业人员进行监护时，需要提醒作业人员穿戴好劳保防护用品，并禁止其接触装置重要阀门、按钮及旋钮。尾炉的炉头为微正压环境，作业人员在拆装长明灯时，禁止直接正对法兰口，必须佩戴空气呼吸器作业，并佩戴护目镜、面罩等防护器具。

四、备用泵退液时氮气窜入在用泵致停车

（一）故障描述

某日，某厂某净化装置尾气吸收塔底泵 A 由于平衡鼓抱死返厂维修后。尾气吸收塔底泵 A 经过回装新厂家的机封和轴承后，完成灌泵、盘车备用。9：30，再次对尾气吸收塔底泵 A 灌泵及动设备、电气、仪表检查确认达到启机条件后，于 9：40 启动尾气吸收塔底泵 A 走回流线进行试车。

10：04，尾气吸收塔底泵 B 出现压力下降、流量降低的情况，内操人员通过开大出口调节阀，流量仍不见好转，于是现场人员立即打开尾气吸收塔底泵 A 出口阀，在切换过程中，尾气吸收塔底泵 B 由于流量低低联锁停车，内操人员将尾气吸收塔底泵 A 切入系统正常运行。对尾气吸收塔底泵 B 进行退液并清洗过滤器。9：45，外操人员打开氮气手阀进行退液，由于尾气吸收塔底泵 B 入口电动阀未关闭，氮气窜入尾气吸收塔底泵 A 造成气缚，10：59，现场停尾气吸收塔底泵 A。

（二）原因分析

1. 尾气吸收塔底泵 B 跳车原因

在对尾气吸收塔底泵 A 进行试车时，尾气吸收塔底泵 B 处于系统正常运行状态，流量 160t/h，尾气吸收塔底泵 A 通过回流管线试车，流量 137t/h。尾气吸收塔底泵 A、B 并联运行时，10：00~10：04，尾气吸收塔底泵 B 出口流量调节阀阀位从 30.1% 自动增加到 47.4%，但出口流量未增加。10：04，内操人员将泵 B 出口调节阀改成手动控制过程中，尾气吸收塔底泵 A 入口流量突然增加至 220t/h。在泵 B 过滤器堵塞情况下，泵 A 抢量造成泵 B 入口流量低低联锁跳车。

2. 尾气吸收塔底泵 A 停车原因

对尾气吸收塔底泵 B 进行退液清洗过滤器时，由于尾气吸收塔底泵 B 入口电动阀未关闭，外操人员打开氮气手阀进行退液，氮气窜入在运尾气吸收塔底泵 A 造成气缚，压力流量降低，现场手动停车。

（三）故障处置

（1）10：04，尾气吸收塔底泵 B 出口压力及流量降低，将尾气吸收塔底泵 A 切入系统。

（2）10：46，尾气吸收塔底泵 A 出现压力下降、流量降低的情况，内操人员通过调节出口调节阀和回流阀，流量仍不见好转。

（3）10：59，现场停尾气吸收塔底泵 A，并对尾气吸收塔底泵 B 进行灌泵排气操作。

（4）11：32，启动尾气吸收塔底泵 B，恢复尾气单元胺液循环。

（四）经验教训

（1）由车间制定动设备大修后的试车程序及注意事项，动设备试车前，制定试车方案并宣贯至岗位。

（2）大修机泵正常运行 2h 后，才可对原机泵进行退液等操作。

（3）当尾气吸收塔底泵备用泵未处于完好状态时，运行泵流量低低时，中控内操人员优先紧急联锁停泵，遵循"先处置、后汇报"的原则。

（4）关键设备试车时，设备技术员须一直在现场监督，班组派专人全程参与。

五、尾气吸收塔底泵灌泵操作不当致在用泵跳车

（一）故障描述

某日，某厂于 18：05，某净化装置原料气处理量为 $10 \times 10^4 m^3/h$，尾气吸收塔底泵 B 跳车，净化装置湿净化气联锁放空。18：06，系列 1 净化装置内操人员手动关闭放空阀，此时其他系列净化装置原料气处理量迅速上涨，18：06，打开系列 1 净化装置放空阀进行湿净化气放空。

（二）原因分析

1. 尾气吸收塔底泵 B 跳车原因

18：00，现场完成尾气吸收塔底泵 A 入口过滤器清洗及回装工作，外操人员于 18：05 打开尾气吸收塔底泵 A 入口电动阀进行灌泵排气操作，由于入口电动

阀开度稍大，在用尾气吸收塔底泵 B 窜气，18∶05，尾气吸收塔底泵 B 入口流量低低触发停泵联锁。

2. 湿净化气二次放空原因

在尾气吸收塔底泵 B 联锁停车后，触发湿净化气去脱水单元流程关闭及湿净化气放空，内操人员手动关闭湿净化气放空阀后，导致其他系列净化装置压力高，原料气处理量迅速上升并超设计最大值。为确保在运净化装置平稳生产，在汇报调度并获得同意后，内操人员于 18∶06 手动打开脱硫单元放空阀进行湿净化气放空。

（三）故障处置

（1）18∶06，内操人员手动关闭放空阀。

（2）其他系列净化装置原料气处理量迅速上涨，均超过 $13×10^4m^3/h$，为确保在运净化装置平稳生产，在汇报调度并获得同意后，于 18∶06 内操人员手动打开放空阀进行湿净化气放空。

（3）18∶14，其他系列净化装置原料气处理量恢复正常，关闭放空。

（4）18∶09，成功启动尾气吸收塔底泵，于 18∶14 恢复半富液流程。18∶16，系列 1 净化装置原料气处理量升至 $3.4×10^4m^3/h$，18∶20 恢复至 $8.5×10^4m^3/h$，18∶22 恢复至 $9.2×10^4m^3/h$，净化装置生产完全恢复（图 1-3）。

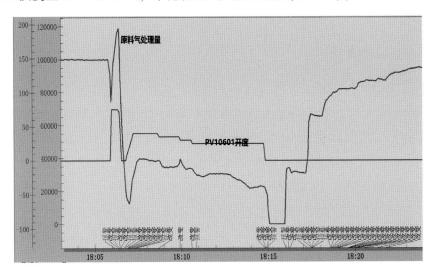

图 1-3　系列 1 净化装置原料气处理量和湿净化气放空阀趋势图

（四）经验教训

（1）对于脱硫塔贫液泵、再生塔贫液泵、尾气吸收塔底泵，如果设备内未充满液体（特别是清洗过滤器后）时，灌泵时应严格按照操作程序，确保进出口阀门在关闭的前提下通过除盐水灌泵，高点密排管线排气，待地罐液位上涨1%以上时，方可停止用除盐水灌泵，除盐水灌泵结束后，再缓慢打开入口电动阀。

（2）当转动设备（泵、风机）停止运行后，如需要再次启动，应该第一时间启动备用设备，如果备用设备无法启动，也必须等待该设备堕转结束后（轴停止转动，完全静止）方可启动。

（3）启、停高压电机设备（脱硫塔贫液泵、再生塔贫液泵、尾气吸收塔底泵、尾炉风机、克劳斯风机）前，应告知生产调度和电力调度，在得到同意后才能进行启停操作。

（4）当尾气吸收塔底泵 A、B 跳车触发联锁后，第一时间确保其他在运净化装置生产平稳，而后进行跳车净化装置恢复工作。如遇原料气处理量过大，对其他净化装置平稳生产造成较大影响时，可以汇报生产调度并获得同意，采取降量或放空的方式处理。

六、配风调节不当致尾炉停炉

（一）故障描述

某日，某厂净化装置原料气处于高负荷生产运行中，某列净化装置原料气处理量 87500m³/h。11:00，内操人员发现尾炉烟气 NO_x 偏高，外操人员至现场调整尾炉一次、二次风门。12:09，外操人员关小一次风门，NO_x 由 32.1mg/m³ 降低至 13.4mg/m³，尾炉风量由 9079m³/h 降低至 8504m³/h，尾炉风机出口总管压力由 12.01kPa 上涨至 12.86kPa。12:42，尾炉温度由 614℃ 开始降低，燃料气阀位自动开大。12:45，尾炉温度低报，12:50，尾炉火检丢失跳车。

（二）原因分析

根据 DCS 记录显示，尾炉跳车前 8min（12:42）炉膛温度与尾炉汽包蒸汽量、过热段出口温度呈现下降趋势，12:45，炉膛温度降低至 550℃ 低报，燃料气量由跳车前的 533m³/h 自动开大增加至跳车时（12∶50）的 751Nm³/h。初步判断为配风不足导致主火闪灭，而后温度控制未投用为手动控制降低燃料气量，燃料气量增加而风量并未增大，导致配风不足主火检丢失停炉。

尾炉主火闪灭跳车后，过热段蒸汽出口温度迅速由 396℃ 降低至 246℃（12∶54）。与此同时，克劳斯汽驱风机驱动端及非驱动端振动值出现波动，非驱动端振动最大为 64.7μm（13∶00）。过热段蒸汽量由最初的 14t/h 降低至 9.7t/h。12∶59 尾炉点炉后，装置恢复正常生产（图 1-4）。

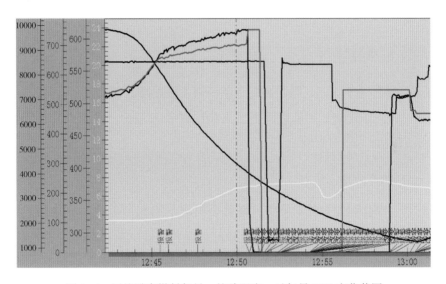

图 1-4　尾炉跳车燃料气量、炉膛温度、过氧量 DCS 变化截图

（三）故障处置

12∶59，外操人员至现场重点尾炉主火，恢复生产。

（四）经验教训

（1）当正常生产中尾炉炉膛温度出现异常降低或低报时，内操人员应及时将燃料气控制改为手动。同时，检查是否闪蒸气或者克劳斯炉配风发生变化，导致尾炉温度降低。若非以上原因，则应考虑为尾炉配风不足导致火焰闪灭，此时应手动降低燃料气量，使主火复燃。尾炉烟气 O_2 含量低至 2.2% 以下易发生主火闪灭的现象。

（2）若发生尾炉跳车，内操人员应立即通知外操人员至现场点尾炉，同时密切关注克劳斯汽驱风机振动情况，以及过热段出口温度及蒸汽流量，防止因过热段出口温度过低，导致克劳斯汽驱风机跳车，引发克劳斯炉及加氢炉跳车。

（3）净化装置所有联锁均投用，若发生尾炉跳车。内操人员应及时在 SIS 总貌图画面上将尾炉跳车 30min 后，触发克劳斯炉及加氢炉跳车的联锁旁路，同时旁路硫黄单元跳车引发双脱保压的联锁。待生产恢复正常后，立即投用以上联锁，同时在联锁记录本上进行记录。

七、燃料气调节不当致加氢炉停炉

（一）故障描述

某日，某厂于 15：03，某净化装置胺液再生塔冲塔，酸性气压力及流量产生波动。15：19，净化装置加氢炉两个主火检同时丢失停炉。外操人员赶到现场，尝试了三次点长明灯均失败。

（二）原因分析

15：19，净化装置加氢炉停炉，查看历史记录得知加氢炉两火检同时丢失。调取 DCS 记录分析，在胺液再生塔冲塔后，起初酸性气流量及压力降低，导致加氢炉的温度升高，此时燃料气及空气阀位自动关小，随后酸性气的压力及流量迅速上升，导致加氢炉的温度降低。从操作记录来看，此时内操人员为提高加氢炉温度，将燃料气改为手动然后逐渐开阀，但是空气仍为自动控制。

内操人员打开燃料气的阀过快，3min 内从 48% 开到 65%，而燃烧空气的阀门未改为手动开大，最终导致加氢炉欠氧停炉。事件处理时，三次点长明灯失败，现场拆下长明灯清理，发现积炭严重。

（三）故障处置

（1）确认联锁动作，主燃料气、减温蒸汽与空气切断阀联锁关闭，内操人员手动关闭燃料气、减温蒸汽及空气调节阀。

（2）外操人员赶到现场，重点加氢炉，但尝试了三次点长明灯均失败，现场也没有打火迹象，随即联系现场仪表人员到现场对长明灯进行清理。

（3）16：37，长明灯清理完毕并回装，加氢炉重点成功。16：50，并入克劳斯尾气，装置恢复正常生产。

（四）经验教训

（1）在控制加氢炉温度时，若串级不能自动控制过来，可改为手动控制。燃料气与空气均要改为手动，但是增加燃料气与空气时，不能开阀过快，注意按比例配风。

（2）此次加氢炉停炉后，氮气吹扫阀并未及时打开，发生停炉事件时，内操人员应注意检查并及时打开吹扫氮气阀。

（3）针对此次长明灯多次点不着的问题，在定期对装置火检、测温仪清理的同时，长明灯也应做定期清理，周期可稍长；防止在停炉后长明灯点不燃，导致长时间停炉的问题。

八、蒸汽调节不当致界区高压蒸汽温度异常

（一）故障描述

某日，某厂某净化装置开工准备阶段，16：35，克劳斯炉汽包压力升压至4.0MPa，联系外操人员准备进行高压系统管网升压。17：00，净化装置内部系统压力升至3.51MPa，内操人员将装置内部蒸汽引至减温减压器。17：50，系统内部压力稳定后，内操人员联系外操人员打开现场高压过热蒸汽出界区手阀，将高压过热蒸汽引入装置内部，同时内操人员开大高压蒸汽减温减压器阀，将进装置高压蒸汽量控制在3~4t/h。17：00~19：00，装置高压过热蒸汽界区温度始终低于300℃。

（二）原因分析

根据升压过程图1-5可知，装置内部系统压力升压正常，投用高压蒸汽减温减压器进行减温减压后，由于进减温减压器蒸汽较长时间维持在3~4t/h，界区高压过热蒸汽未大量进入装置。导致图幅管网至净化装置界区管线蒸汽流动较少，净化装置界区高压过热蒸汽温度始终未有效提升。

导致此次界区高压蒸汽温度较长时间低于正常温度的原因为进装置高压过热蒸汽量较低。正常应保证进/出装置蒸汽量至少为3~4t/h及以上，以维持界区高压过热蒸汽温度高于320℃。

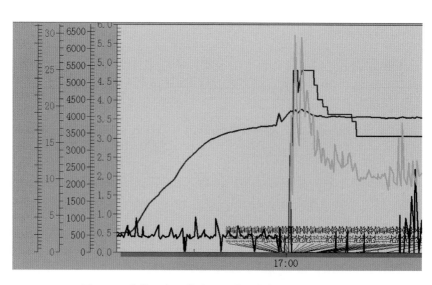

图 1-5　进装置高压蒸汽量及装置内部压力 DCS 截图

（三）故障处置

18：00，内操人员逐步提升高压蒸汽减温减压器阀位，将界区进装置高压蒸汽量提升至 6t/h 左右，界区温度开始提升。

（四）经验教训

（1）正常生产中为保证高压过热蒸汽界区温度在 320℃ 以上，净化装置进或出界区蒸汽量应控制至少为 3～4t/h，不得出现进或出界区蒸汽不流动的情况发生。

（2）装置并高压蒸汽过程中，应保证过热段出口温度达到 398℃ 以上。

（3）高压蒸汽暖管。

① 装置内高压蒸汽暖管：开工并高压蒸汽时，应先通过高压蒸汽减温减压器将装置内部高压蒸汽转化为低压蒸汽，并打开高压蒸汽阀组第三道阀后导淋放空，用第三道阀控制排汽量进行暖管（禁止打开高压蒸汽界区第二道手阀），导淋放空完全见干蒸汽后，装置内部尾炉过热段至界区蒸汽管网暖管完成。

② 图幅管网蒸汽管暖管：打开界区来第二道阀后导淋放空，用界区来第一道阀控制排汽量进行暖管，第二道阀稍开，导淋放空完全见干蒸汽后，图幅管网蒸汽管暖完成。

（4）汇报调度协调高压蒸汽并网。内操人员汇报调度准备高压蒸汽并网。调度协助关注蒸汽压力。内操人员控制装置内部高压蒸汽压力必须低于图幅压力0.05~0.1MPa，外操人员方可缓慢开大界区高压蒸汽第一道、第二道阀，同时内操人员应逐渐打开高压蒸汽减温减压器压控阀开度，保证将界区高压蒸汽引进装置，同时控制进装置高压过热蒸汽量至少为3~4t/h。为保证图幅管网蒸汽管道达到正常操作温度，须在界区温度超过320℃达4h后，方可将蒸汽进行外输。

九、吹硫钝化操作不当致克劳斯一级反应器床层超温

（一）故障描述

某日，某厂某净化装置硫黄回收单元停工吹硫钝化操作，停工当天9:40克劳斯炉切燃料气模式，燃料气用量410m³/h(配风比1:10)。第2天14:30燃料气量提至480m³/h(配风比1:10)继续吹硫。第4天17:20吹硫完成提风进行钝化操作，配风比1:12.3，将燃料气量降低至414m³/h。在第4~6天钝化过程中，一级反应器部分温度点超温。第7~9天钝化完成，在提风降温过程中，一级反应器床层部分温度点再次超温。第10天9:00，一级、二级反应器床层温度降至正常值。

（二）原因分析

1. 造成床层温度飞升的直接原因

吹硫未吹干净致使床层积硫，提高配风床层过氧以后，硫与氧气接触发生自燃；第二次提风的跨度太大，从1:14配比直接提到1:17.5配比，风量提高了1500m³/h，过氧通常是在1:15配比时，床层温度表现明显，应在1:15到1:16的配比下停留一段时间，当无异常后，再加大风量，同时风量提升要缓慢，每次提风500m³/h左右。

2. 硫封无液硫后，床层仍积有硫的原因

在吹硫的初期，克劳斯炉的配风量较小(3000m³/h)，气流在床层分布不均匀，造成吹硫时偏流。吹硫第3天在提高吹硫风量至5000m³/h以上后，仍不能对偏流死区进行有效吹硫，致使在某个温度检测器附近积有少量硫未完全吹出。

3. 床层超温后未能快速降回正常值的原因

床层超温后，处置中使用克劳斯炉一区、二区的保护氮气对床层进行降温，

而克劳斯炉已停炉，但是氮气量太小，实际只有 400~500m³/h，对床层降温的意义不大；应点燃克劳斯炉在 1：10 配比下加大过程气量进行降温。

（三）故障处置

（1）8：29，温度最高达到 375.8℃，从克劳斯炉二区加大保护氮气后，温度下降但速度十分缓慢，9：30，温度降至 360℃ 以下。

（2）10：08，重点克劳斯炉，13：10，风量为 2000m³/h，床层温度反弹并缓慢上涨。

（3）10：40，提高风量至 4800m³/h，在 1：10 的配比下配风，床层开始快速降温，恢复正常温度。

（四）经验教训

（1）净化装置在停工过程中，进行硫黄回收单元的吹硫操作时，应该在 1：10 的配比下提高风量到 5000m³/h 以上后进行吹硫，并用减温蒸汽控制克劳斯炉温度。

（2）钝化中反应器床层出现飞温时，应当立即减小克劳斯炉的配比到 1：10 当量燃烧，并在 1：10 的配比下保证过程汽量在 5000m³/h，同时开大一区、二区的保护氮气，对床层进行降温。

注意：此时只降低配风比至 1：10，不用同时降低燃料气与燃烧空气的量；克劳斯炉也不可停炉。

（3）反应器床层温度最高不可超过 360℃，在反应器温度上涨较快达到 290℃时，应及时降低配风比到当量燃烧。

（4）床层钝化的过氧配风比通常是 1：15 以上，钝化时不应在低于 1：13 左右的配风比下长时间停留；提风到 1：15 以后，观察一段时间，床层温度无异常后再继续提风，每次提风控制在 500m³/h。

十、排液操作不当致 H_2S 报警"五取三"联锁

（一）故障描述

某日，某厂于 19：00，外操人员打开某净化装置原料气过滤器 A 的出口阀，将该净化装置作为紧急备用开工装置。流程导通后，原料气过滤器 A 的液位持续

上涨。次日 6:11，原料气过滤器 A 液位上涨至 43.2%，外操人员通过现场接临时管线向地罐进行排液操作，排液过程中临时胶管脱落造成 H_2S 泄漏，现场 H_2S 浓度达到 20ppm 以上，固定式 H_2S 报警仪报警，并触发净化装置高压区 H_2S"五取三"联锁动作，脱硫 1.0MPa 放空，脱水保压（表 1-1、表 1-2）。

表 1-1　脱硫单元 1.0MPa 放空动作

序　号	名　称	动　作
1	脱硫单元天然气进料切断阀	关闭
2	脱硫单元天然气进料旁路切断阀	关闭
3	原料气去高压火炬泄放线切断阀	打开
4	天然气脱硫塔富胺液出口切断阀	关闭
5	高压贫溶剂至天然气脱硫塔切断阀	关闭
6	脱硫后气体去高压火炬泄放线切断阀	打开
7	脱硫气体分液罐液体排放切断阀	关闭
8	脱硫后天然气出口切断阀	关闭
9	脱硫后天然气出口旁路切断阀	关闭
10	高压贫溶剂泵脱硫吸收塔泵 A/B	关停
11	富溶剂透平入口调节阀	关闭
12	富溶剂透平入口管线切断阀	关闭
13	脱硫吸收塔半富液入口管切断阀 （延时 2s 打开半富液至胺液闪蒸罐切断阀）	关闭

表 1-2　脱水单元保压动作

序　号	名　称	动　作
1	净化天然气分液罐液体排放切断阀	关闭
2	净化天然气去高压火炬泄放线切断阀	关闭
3	净化天然气出装置切断阀	关闭
4	净化天然气出装置旁路切断阀	关闭
5	脱硫后天然气出口切断阀	关闭
6	脱硫后天然气出口旁路切断阀	关闭

（二）原因分析

（1）净化装置热备过程中，原料气管线及原料气过滤器未进行置换，管线及设备内残液中含有 H_2S。

（2）临时接管的连接施工不合格，临时接线使用不规范。在现场用于接临时管线的黑胶管属于低压管，黑胶管与接头的插入深度不够。排液过程中，阀门开关顺序错误，造成临时接管存压脱落，含 H_2S 介质泄漏。

（三）故障处置

（1）发生泄漏后，外操人员立即关闭排液阀门，佩戴空气呼吸器后，检查确认已切断 H_2S 泄漏源，6:18，现场 H_2S 浓度降至 7ppm 以下，停止报警。

（2）内操人员在室内关闭湿净化气放空阀停止放空，打通反冲压流程向系统补压。

（3）6:31，启动尾气吸收塔底泵 A。6:41，启动脱硫吸收塔泵 A 建立脱硫循环。6:57，装置基本恢复正常运行，达到热备状态。

（四）经验教训

（1）原料气管线及原料气过滤器未进行置换，在设备管线中残留 H_2S 介质的情况下，原料气过滤器不允许接临时管线进行排液；排液走正常流程。

（2）在高压区接临时管线，管线需要使用抗压力等级较高的管线；临时管线的接线需要满足规范，值班人员或车间负责人应亲自确认。

（3）高压区接临时管线向低压区排液，应先打开低压区后路阀门，用高压区的阀门卡量，进行排液时，开阀不可过快；防止临时管线受压崩坏，造成泄漏。

（4）确认现场泄漏在已得到控制的情况下，内操人员应关闭两处放空，确保脱硫压力，以便快速恢复生产。

（5）胺液循环停止，应及时降低胺液重沸器蒸汽量，防止胺液超温变质。内操人员控制各塔液位，再生贫液泵开回流控制流量 300~350t/h。外操人员及时启动脱硫塔贫液泵、尾气吸收塔底泵建立循环，恢复生产。

十一、克劳斯风机切换操作不当致风机跳车

（一）故障描述

某日，某厂于 16:40，某净化装置克劳斯风机 B 机切 A 机时，克劳斯风机 A 因非驱动端振动联锁停车，克劳斯炉、加氢炉停炉。

（二）原因分析

将克劳斯电驱风机 B 切换至克劳斯汽驱风机 A 时，由于 A 机和 B 机出口压力相差不大，切换时未及时降低 B 机的出口压力，造成 A 机入口高压蒸汽流量波动，进而使非驱动端振动值瞬间达到 76μm（振动高高报值为 73.3μm），克劳斯风机 A 跳车；同时，由于 B 机降压，产生燃烧，空气量减少，造成克劳斯炉和加氢炉燃烧空气低低流量联锁触发，从而使克劳斯炉、加氢炉停炉。

（三）故障处置

（1）16:48，克劳斯炉热启动成功。16:55，成功点燃加氢炉。

（2）18:30，克劳斯汽驱风机 A 启机完成，生产恢复平稳。

（四）经验教训

当克劳斯风机 B 机切 A 机时，要求 A 机压力稍微高于 B 机压力，快速降低 B 机的压力至 130kPa，当 A 机运行平稳、各参数均在正常范围内时，根据炉子所需燃烧空气调节 A 机压力和风量，并将 B 机停车。

十二、克劳斯风机跳车后压力控制不当致产品气放空

（一）故障描述

某日，某厂净化装置系列 1 处理量为 89000m³/h，净化装置系列 2 处理量为 90000m³/h，净化装置系列 3 处理量为 90000m³/h。19:34，净化装置系列 1 克劳斯汽驱风机 A 因振动大，超过 73.7μm 跳车，导致克劳斯炉、加氢炉跳车。19:38，再生塔顶压力超 0.19MPa，触发脱硫胺液重沸器蒸汽切断，19:59，重沸器蒸汽恢复，20:16，产品气超标放空。20:17，克劳斯汽包安全阀起跳。

（二）原因分析

克劳斯汽驱风机 A 跳车后，克劳斯炉和加氢炉跳车，内操人员知道要打开并调节酸性气放低压火炬阀门开度，平衡胺液再生塔的压力。因放空阀门开度不够，胺液再生塔压力快速升高超过 0.19MPa，联锁触发胺液重沸器蒸汽阀关闭。胺液重沸器蒸汽切断，脱硫溶剂再生不合格，导致产品气不合格放空。

克劳斯炉跳车后，克劳斯炉汽包压力迅速下降，内操人员将克劳斯汽包蒸汽出口阀改为手动控制。克劳斯炉重点成功后，未及时调节克劳斯汽包蒸汽出口阀开度，导致克劳斯炉汽包压力升至4.99MPa，安全阀起跳。

（三）故障处置

（1）内操人员联系外操人员现场启动克劳斯电驱风机B。

（2）内操人员打开酸性气放低压火炬，19：38，胺液再生塔压力超0.19MPa，关闭联锁胺液重沸器蒸汽阀，胺液重沸器蒸汽切断。

（3）19：59，恢复胺液重沸器蒸汽，因贫液再生不合格。20：16，产品气放空，20：39，湿净化气放空。

（4）净化装置系列1转负荷至净化装置其他系列，净化装置系列1处理量为30000m³/h，净化装置系列2处理量为120000m³/h，净化装置系列3处理量为120000m³/h。

（5）21：46，关闭湿净化气放空阀，21：49，关闭产品气放空阀。

（6）19：43，克劳斯炉热启动成功，20：17，克劳斯炉汽包压力升至4.99MPa，安全阀起跳。20：20，重点加氢炉，并入克劳斯尾气后，装置恢复正常生产，净化装置系列1逐步提量至60000m³/h。

（四）经验教训

1. 克劳斯风机A跳车主要操作

净化装置克劳斯风机A跳车，将导致克劳斯炉、加氢炉跳车，胺液再生塔压力迅速增高；高压过热蒸汽管网压力会先快速升高，随着克劳斯炉蒸汽产出量下将而降低。主要操作：

（1）克劳斯风机A跳车后，迅速调节高压蒸汽减温减压器的开度，稳定高压过热蒸汽管网压力，防止高压过热蒸汽波动造成其他蒸汽透平跳车。同时，汇报调度克劳斯风机A跳车，会造成蒸汽管网波动，公用工程人员须注意调节。

（2）确认酸性气放空阀处于打开状态，调节酸性气放低压火炬阀门，调节胺液再生塔压力。

（3）降低尾气焚烧炉燃料气量，控制尾炉温度550~600℃，防止尾炉超温，过热段超温。

（4）现场启动克劳斯风机B，重点克劳斯炉和加氢炉，恢复生产。

注意：如胺液再生塔超压，导致胺液重沸器蒸汽阀关闭，胺液再生塔须泄压至 0.19MPa 以下后 SIS 复位，胺液重沸器蒸汽阀关闭才能打开。改为手动调节阀门，随时关注指标并进行调节，特别是克劳斯炉汽包压力等关键参数。

2. 如何防止此类事件再次发生

（1）胺液再生塔顶酸性气放空联锁阀门常开，酸性气放空调节阀门自动控制压力设定在 110kPa，超压时自动放空至低压火炬，酸气负荷较大时，手动调节增大阀门开度，防止胺液再生塔憋压。

（2）车间加强突发事件处理培训工作，总结事故处理技巧，下发班组学习，交接班时每班一问，提高员工突发事件处理能力。

第二节　电网原因

高含硫气田是一个连续生产、高含硫、高危、易燃易爆且涉及开采、集输、天然气净化等多个环节的复杂大气田，对电力系统可靠、稳定、安全性要求较高，气田所在地地形复杂，多雷雨、大风等极端天气，对气田电网的稳定运行多有不利因素，本节主要介绍两例由于电网原因引发的净化装置故障及处置方法。

一、雷击致集输线接地短路全厂一级关断

（一）故障描述

某日，某厂净化装置在正常生产运行中，原料气处理总量为 $648\times10^4\mathrm{m}^3/\mathrm{d}$，各装置负荷见表 1-3。

表 1-3　跳车前各净化装置处理量

净化装置	系列 1	系列 2	系列 3	系列 4
原料气/（m³/h）	63750	62620	72780	70640

14：02，净化装置突发大面积跳车放空事件，中控净化装置辅操台停车警报响起，内操人员立即汇报当班值班领导和调度，并通知车间应急小组赶赴现场。

21

（二）原因分析

本次全厂晃电是因集输西线接地而引发。期间 14:02，该厂 SIS 系统收到气田下游至该厂一级关断信号，触发该厂全厂发生一级关断（保压），如图 1-6 所示。

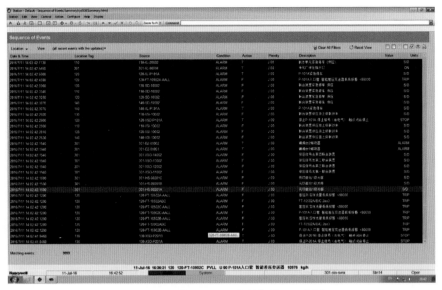

图 1-6　首站触发一级关断信号 SIS 截图

（1）14:02 装置发生晃电，净化装置现场机泵空冷设备大面积跳车。脱硫吸收塔泵及尾气吸收塔底泵同时跳车导致脱硫单元保压；脱水单元因 TEG 循环泵跳车触发脱水单元放空；双脱主要阀门动作见表 1-4。

表 1-4　双脱单元主要阀门动作情况

单　元	触发条件	触发结果
脱硫	脱硫吸收塔泵及尾气吸收塔底泵同时跳车	脱硫单元保压
脱水	脱水塔泵跳车	脱水单元放空

（2）全厂发生晃电后，气田下游 UPS 机柜间出现故障，14:02 触发气田下游至某厂一级关断信号。四套净化装置保压，因装置晃电触发脱水放空联锁，未能保住脱水系统压力。

（3）各净化装置触发克劳斯炉、加氢炉、尾炉停炉原因如下（表 1-5）。

表1-5 四列装置炉子停炉原因

系 列	克劳斯炉	加氢炉	尾 炉
系列1	克劳斯炉火检丢失，内操人员手动停克劳斯炉	加氢炉火检丢失停炉	尾炉风机A跳车，无燃烧空气，尾炉火检丢失停炉
系列2	克劳斯风机B跳车后，克劳斯炉空气低低流量联锁触发	加氢炉火检丢失停炉	过程气大幅度波动，尾炉火检丢失停炉
系列3	克劳斯炉酸性气低低流量联锁触发	加氢炉火检丢失停炉	尾炉风机A跳车，无燃烧空气，尾炉火检丢失停炉
系列4	内操人员手动停克劳斯炉	加氢炉火检丢失停炉	尾炉风机A跳车，无燃烧空气，尾炉火检丢失停炉

（4）燃料气管网一级减压阀后部安全阀起跳。

开工燃料气自力式调节阀损坏，不能自动调节，导致燃料气管网超压（图1-7、图1-8）。

处理方法：切出开工燃料气线，用该厂产品气补充燃料气管网，维修燃料气自力式调节阀。

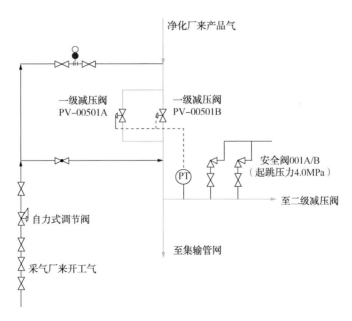

图1-7 自力式调节阀失灵导致安全阀起跳流程简图

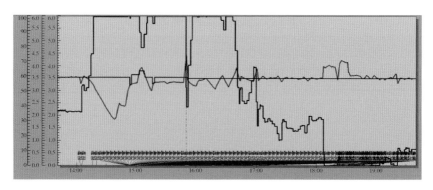

图 1-8   燃料气一级减压阀后部压力波动 DCS 截图

（5）公用系统中压 1.2MPa 蒸汽供应不足，不能同时满足四套装置胺液再生蒸汽用量，胺液再生时间过长。

此次晃电造成了公用工程 A 炉、C 炉停车，蒸汽量供应不足，不能快速建立热循环，恢复生产。

处理方法：根据公用系统中压 1.2MPa 蒸汽供应量，确定以净化装置系列 3 为主，以净化装置系列 4 为辅进行胺液再生和装置恢复工作，系列 3 与系列 4 引原料气后，待公用系统锅炉负荷恢复，自产蒸汽增多，再考虑系列 1 和系列 2 恢复工作。

（6）净化装置胺液再生时间长。

净化装置发生晃电，循环停止后，在蒸汽供应不能同时满足四套净化装置的情况下，提前建立胺液系统循环，贫、富胺液混合，增加了胺液再生时间（图 1-9）。

处理方法：立即停循环，待蒸汽供应满足后，建立热循环再生。

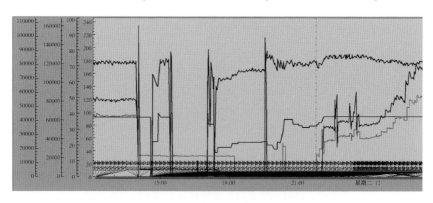

图 1-9   净化装置脱硫循环建立及原料气引入

（7）净化装置克劳斯风机 A 驱动端温度异常上涨。

为减少蒸汽用量，内操人员手动拍停系列 1 克劳斯风机 A，处于自动位的辅助油泵未自启。处理方法：外操人员现场手动启动辅助油泵。

（三）故障处置

表 1-6 为各净化装置关键机泵跳车情况。

表 1-6　各净化装置关键机泵跳车情况

系列	关键机泵跳车情况
系列 1	液力透平(脱硫吸收塔泵 A)、再生塔底泵 B、脱水塔泵 B、尾气吸收塔底泵 B、克劳斯风机 B、尾炉风机 A
系列 2	液力透平(脱硫吸收塔泵 A)、再生塔底泵 B、脱水塔泵 B、尾气吸收塔底泵 A、克劳斯风机 B
系列 3	脱硫吸收塔泵 B、再生塔底泵 A、脱水塔泵 B、尾气吸收塔底泵 A、尾炉风机 B
系列 4	液力透平(脱硫吸收塔泵 A)、再生塔底泵 A、脱水塔泵 B、尾气吸收塔底泵 A、尾炉风机 B

装置发生大面积停车后，车间根据装置实际情况采取的恢复顺序为：系列 3→系列 4→系列 2→系列 1。各净化装置紧急处置情况见表 1-7。

表 1-7　各净化装置紧急处置及恢复情况

系　列	跳车处置情况
系列 3	跳车影响： 1. 14：02 脱硫吸收塔泵及尾气吸收塔底泵同时跳车，触发脱硫单元保压。 2. 14：02 脱水塔泵 B 跳车，触发脱水单元放空，脱水单元压力泄放至 0。 3. 14：02 现场机泵跳车，脱硫、脱水、液硫外输、急冷水循环、酸水循环停止。 4. 14：02 克劳斯炉酸性气量低低跳车，加氢炉火检丢失跳车。 5. 14：03 尾炉风机 B 跳车触发尾炉停炉。 恢复处置： 1. 14：15 启动脱硫吸收塔泵、尾气吸收塔底泵建立脱硫单元循环，14：28 胺液重沸器引入蒸汽建立脱硫热循环；14：46 现场重点尾炉。 2. 脱水单元反充压完成后，14：52 建立脱水冷循环及热循环。 3. 15：10 引入原料气，分别通过脱硫及脱水放空合格后，16：56 产品气并入管网。 4. 15：24 启动克劳斯风机 B，15：28 克劳斯炉热启动恢复生产。 5. 16：09 硫黄过程气并入加氢，装置恢复正常生产

续表

系　列	跳车处置情况
系列4	跳车影响： 1. 14:02 脱硫吸收塔泵及尾气吸收塔底泵同时跳车，触发脱硫单元保压。 2. 14:02 脱水塔泵 B 跳车，触发脱水单元放空，脱水单元压力泄放至 0。 3. 14:02 现场机泵跳车，脱硫、脱水、液硫外输、急冷水循环、酸水循环停止，胺液净化装置流量低低跳车。 4. 14:03 尾炉风机 B 跳车触发尾炉跳车。 5. 14:04 停克劳斯炉，加氢炉火检丢失跳车。 恢复处置： 1. 14:31 启动脱硫吸收塔泵、尾气吸收塔底泵建立脱硫单元循环，胺液贫富液换热器过滤器堵塞，切出清洗，15:35 胺液重沸器引入蒸汽建立脱硫热循环。 2. 脱水单元反充压完成后，14:51 建立脱水冷循环及热循环，15:02 启动克劳斯风机 B。 3. 18:39 引入原料气，分别通过脱硫及脱水放空合格后，18:52 产品气并入管网。 4. 18:14 现场重点尾炉，19:11 克劳斯炉热启动恢复生产。 5. 21:22 硫黄过程气并入加氢，装置恢复正常生产
系列2	跳车影响： 1. 14:02 脱硫吸收塔泵及尾气吸收塔底泵同时跳车，触发脱硫单元保压。 2. 14:02 脱水塔泵 B 跳车，触发脱水单元放空，脱水单元压力泄放至 0。 3. 14:02 克劳斯风机 B 跳车，克劳斯炉及加氢炉跳车。 4. 14:03 尾炉主火检丢失跳车。 5. 14:02 现场机泵跳车，脱硫、脱水、液硫外输、急冷水循环、酸水循环停止。 恢复处置： 1. 14:36 建立脱硫循环，15:22 停止脱硫循环。 2. 17:02 启动脱硫吸收塔泵、尾气吸收塔底泵建立脱硫单元循环，17:05 胺液重沸器引入蒸汽建立脱硫热循环，对混合后的胺液进行再生。 3. 脱水单元反充压完成后，19:57 建立脱水冷循环及热循环。 4. 21:45 引入原料气，分别通过脱硫及脱水放空合格后，23:32 产品气并入管网。 5. 21:56 启动克劳斯风机 B，22:23 克劳斯炉热启动恢复生产。 6. 17:46 现场重点尾炉，23:07 硫黄过程气并入加氢，装置恢复正常生产

系　列	跳车处置情况
系列1	**跳车影响：** 1. 14：02脱硫吸收塔泵及尾气吸收塔底泵同时跳车，触发脱硫单元保压。 2. 14：02脱水塔泵B跳车，触发脱水单元放空，脱水单元压力泄放至0。 3. 14：02克劳斯风机B跳车，克劳斯炉及加氢炉跳车。 4. 14：02尾炉风机A跳车，触发尾炉跳车。 5. 14：02现场机泵跳车，脱硫、脱水、液硫外输、急冷水循环、酸水循环停止。 **恢复处置(次日)：** 1. 0：13启动脱硫吸收塔泵A、尾气吸收塔底泵A建立脱硫单元循环，0：21胺液重沸器引入25t蒸汽脱硫进行热循环再生。 2. 脱水单元反充压完成，0：42启动脱水塔泵建立脱水冷循环及热循环。 3. 克劳斯风机B送电，10：38启动克劳斯风机B，10：50重点克劳斯炉进行吹硫再生。 4. 当日15：58现场启动尾炉风机，16：10重点尾炉升温。 5. 18：14处理完成开工循环线止回阀卡涩问题，点加氢炉对加氢反应器循环降温。 **异常现象及处置：** 1. 全气田一级关断保压后，装置无产品气外输供给一级减压阀，采用引入开工燃料气进入燃料气管网。 2. 14：08净化装置产品气外输停止，15：50一级减压阀后部压力出现波动，压力最高至4.4MPa，一级减压阀后部安全阀起跳(起跳压力为4.0MPa)。 3. 净化装置引入原料气后，现场人员将开工燃料气切出，全厂产品气经过一级、二级减压自供燃料气系统

（四）经验教训

（1）当发生全厂晃电后，四套净化装置同时停车，当班班长第一时间汇报值班领导及调度，立即前往公用工程水处理单元辅操台同时按下某厂保压两个按钮，触发全气田一级关断。

按下全气田一级关断保压按钮后，保持触发状态。请示调度，确认可以复位时方可复位，防止因实际条件不满足，仓促恢复生产过程中发生意外事故。

（2）净化装置发生大面积晃(停)电后的重点工作如下：

① 双脱单元：双脱单元根据公用介质条件满足情况分两种情况处理：一是公用介质条件满足，则建立双脱单元循环；二是公用介质条件不满足，则暂缓建立双脱单元循环。

② 硫黄回收：停克劳斯炉，控制高、低压汽包液位和压力正常。

③ 尾气处理：停加氢炉，控制各塔器液位和压力处于正常值；在条件允许情况下，尽快启动尾炉。

④ 酸水汽提：公用介质满足供应，则继续处理酸水，酸水量不足时，改为自循坏热备；公用介质不能满足供应，停止循坏。

处理过程中的注意点：

① 检查三台燃烧炉运行情况并手动关闭跳车炉子的燃料气、空气、蒸汽调节阀，调节尾炉过热段减温炉水量。

② 克劳斯风机跳车后，酸性气通过低压火炬放空；投用克劳斯炉酸性气管线保护氮气。

③ 加氢炉跳车后，内操人员对炉膛进行吹扫降温。

④ 机泵停车后，内操人员应检查各塔器压力或者液位是否异常上涨或降低，并及时进行处置，重点关注胺液缓冲罐、急冷塔液位、脱硫吸收塔/脱水吸收塔液位(防止液位超低窜压，可通过及时关闭出口切断阀及调节阀控制)、液硫池液位(防止液位超高，可通过及时启动泵外输降低液位)、克劳斯冷却器液位。

(3) 装置大面积停车时，公用工程仪表风、氮气、蒸汽等公用介质供应量可能不足。净化装置恢复，应根据公用介质供应情况，逐一进行恢复。避免多个净化装置同时恢复造成公用介质供应不足。

(4) 在公用系统蒸汽供应不足的情况下，不能建立胺液系统循环，强行建立将导致贫、富胺液互相混合，增加了胺液再生时间。此次净化装置在蒸汽不足的情况下提前建立胺液循环约 40min 后停止，再生时间 4h 左右，其余装置再生时间为 2h 左右。

(5) 克劳斯炉、加氢炉、尾炉停车后的恢复顺序为尾炉→克劳斯炉→加氢炉。

尾炉点燃后，温度控制在 550℃ 左右，防止保护蒸汽不足，造成尾炉过热段超温，导致尾炉联锁跳车。

点克劳斯炉时，炉膛 800℃ 以上时热启动进行恢复，800℃ 以下时需要先采用燃料气模式进行点炉升温，再并入酸性气，燃料气模式严格按照配风比控制燃烧空气。

加氢炉点炉时，严格控制配风比燃烧空气，防止加氢反应器飞温，损坏催化剂和支撑件，加氢尾气并入加氢炉前，修改配风比至欠氧。

(6) 净化装置克劳斯风机有强制润滑系统。风机正常运行后，辅助油泵必须在自动位置，克劳斯风机跳车后，内操人员检查辅助油泵是否自启动，如未启动，外操人员应至现场手动启动辅助油泵，防止超温，损坏设备；如克劳斯风机A跳车还需要打开现场蒸汽排凝阀，关闭低压蒸汽出口大阀。

（7）装置保压期间，脱水单元因脱水塔泵停联锁放空时，内操人员第一时间维持脱水系统压力。

（8）针对此次净化装置大停电事件，总结经验教训，修改净化装置晃电、停电应急处置方案，对此车间所有员工进行学习，以提高应急处置能力。在装置发生大停电事件时，车间所有大班人员及当班班组应重点处理易恢复的装置，同时对其他未恢复装置应重点保证装置参数正常，防止超温、超压窜液事故的发生。

二、雷暴天气致部分机泵停车

（一）故障描述

某日，某厂于22∶39发生晃电，净化装置部分设备跳车。具体情况见表1-8。

表1-8　净化装置晃电停车

系 列	停车设备
系列1	尾气吸收塔底泵 B、酸水汽提塔底泵 B、脱硫再生塔重沸器凝结水泵 B、液硫外输泵 B、急冷塔空冷 B 变频、脱硫塔泵 B 空间加热器、低低压蒸汽空冷器 C
系列2	脱水塔泵 B、液硫外输泵 B、酸气分液罐回流泵 B、脱硫再生塔重沸器凝结水泵 B、低低压蒸汽空冷器 B、克劳斯风机 B/尾炉风机 B 空间加热器
系列3	脱硫闪蒸塔泵 B、脱硫再生塔重沸器凝结水泵 B、低低压蒸汽空冷器 B、急冷塔空冷 B 变频、克劳斯风机 B/尾炉风机 B/脱硫塔泵 B 空间加热器
系列4	脱水塔泵 B、液硫外输泵 B、低低压蒸汽空冷器 B、急冷塔空冷 B 变频、克劳斯风机 B/尾炉风机 B 空间加热器

（二）原因分析

因雷雨天气发生晃电，导致四套净化装置多台电机停机。其中，净化装置系列1尾气吸收塔底泵跳车导致脱硫湿净化气放空，尾气吸收塔 H_2S 无法被吸收，直接进入尾炉燃烧，导致尾气 SO_2 超标。湿净化气去脱水切断阀由于失电无法复位。

净化装置系列2及系列4脱水塔泵停车导致脱水系统放空，但由于脱水塔泵停泵时间短，产品气水露点合格，立即并入系统。产品气出装置切断阀由于晃电导致失电，在中控 SIS 上无法复位，只能强制打开。

净化装置系列 3 因脱硫闪蒸塔泵 B 跳车，富液闪蒸罐无法吸收闪蒸气中H_2S，尾气 SO_2 超标。

（三）故障处置

（1）净化装置系列 1 尾气吸收塔底泵 B 跳车后，脱硫湿净化气放空，22：46，外操人员赶至现场重启尾气吸收塔底泵 A，22：50，湿净化气并入脱水系统。

（2）净化装置系列 2 脱水塔泵 B 停车后，脱水单元联锁打开产品气调压放空阀放空，22：45，外操人员赶至现场重启脱水塔泵 B，22：46，产品气并入管网。

（3）净化装置系列 4 脱水塔泵 B 停车后，脱水单元联锁打开产品气放空，22：42，外操人员赶至现场重启脱水塔泵 A，22：45，产品气并入管网（表 1-9）。

表 1-9　净化装置放空恢复情况

系　列	处理量/(10^4m^3/h)	重启时间	关闭放空时间	放空量/10^4m^3	放空总量/10^4m^3
系列 1	10.4	22：46	22：50	1.73	
系列 2	10.2	22：45	22：45	0.93	3.41
系列 4	9.9	22：42	22：44	0.75	

（四）经验教训

（1）车间人员总结更新生产异常处置卡，班组在遇到装置出现晃电等原因造成关键设备停机时，遵照处置卡进行关键设备关键步骤的处置。

（2）装置发生晃电时，部分阀门可能出现失电无法在 SIS 复位的情况，首先确认系统底层联锁正常，如仍然无法打开，可考虑让系统仪表强制打开。

（3）净化装置的变频设备，在电路不稳的情况下容易发生晃停事故，在发生晃电时，应该及时确认变频设备的运行状态，包括脱水塔泵、空冷器等。此外，根据前期经验，脱硫再生塔重沸器凝结水泵、脱硫闪蒸塔泵晃电时也是易晃停的设备，应着重进行检查。

（4）当发生净化装置晃电后，应该集中力量优先处理易于恢复生产的装置。

（5）要依据晃电概率大小区分外部供电线路，供电线路 B 为装置 B 机/泵供电，供电线路 A 为装置 A 机/泵供电。如供电线路 B 晃电概率大，则装置部分关键机泵调整为 A 泵运行；如供电线路 A 晃电概率大，则调整为 B 机运行。

（6）关键设备同时停车，依据车间应急界面划分，立即启动车间应急预案，应急人员须立即赶赴现场进行异常处置。

（7）在脱水塔泵进行 A/B 泵切换时，须旁路脱水塔泵停泵脱水放空联锁，杜绝因启动操作造成装置放空。

第三节 仪表原因

仪表是化工生产过程的"眼睛"，是化工生产自动化的核心，为了保证安全、高效地生产，自动化生产起到了很重要的作用。本节主要介绍了 13 例由仪表原因导致的净化装置故障，为同类净化装置在常见仪表故障的预防、判断及处理方面提供了借鉴。

一、出口流量串级投用不当致尾气吸收塔底泵跳车

（一）故障描述

某日，某厂于 17:45，某净化装置尾气吸收塔底泵 A 跳车，导致联锁动作，部分湿净化气放空。

（二）原因分析

跳车之前，尾气吸收塔底泵出口流量调节阀处于手动阀位状态，开度 28.9%。当时，内操人员投用串级后 1s，该流量调节阀阀位自动关小到 8.1%，尾气吸收塔底泵 A 出口低低流量联锁。究其原因为调节阀投用串级时方法不当，当时流量调节阀跟踪流量给定值为 105t/h，在未预设给定值 150t/h 的情况下，流量调节阀按照原给定值 105t/h 投用自动，导致阀门不断关小，造成流量低低联锁。

（三）故障处置

（1）尾气吸收塔底泵 A 跳车后，及时关小湿净化气放空阀至 25%，减少放空量，维持系统压力，当湿净化气合格后，打开湿净化气去脱水单元联锁阀，关闭放空阀，将湿净化气并入系统。

（2）增加进脱硫吸收塔的流量，维持液力透平运行最低流量，维持脱硫吸收塔、胺液缓冲罐、胺液闪蒸罐、胺液再生塔液位。

（3）外操人员到现场灌泵，检查备用机组尾气吸收塔底泵 B，内操人员恢复

尾气吸收塔相关联锁阀位，中控具备启动尾气吸收塔底泵 B 条件后，现场启动尾气吸收塔底泵 B。逐步调节尾气吸收塔进出口流量控制阀，恢复整个系统循环。

（四）经验教训

（1）内操人员投串级前设定跟踪值与当前值一样，同时，应设定阀位的高、低限值，以免阀位大幅度动作导致联锁。

（2）尾气吸收塔底泵停泵后，要及时减少放空维持系统压力，如果合格则及时并入系统。同时，液力透平投用时注意增加进脱硫吸收塔的流量。

（3）在尾气吸收塔底泵未启动前，一定要注意系统液位，不要出现满罐或者空罐的现象。

二、流量计引压管堵塞致尾气吸收塔底泵跳车

（一）故障描述

某日，某厂于 12：32，某净化装置 SIS 操作台发生报警，尾气吸收塔底泵 B 跳车，湿净化气放空。

（二）原因分析

1. 直接原因

从图 1-10 可知，净化装置尾气吸收塔底泵 B 是由于入口流量低低联锁导致跳车。

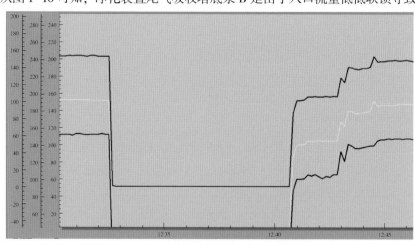

图 1-10　尾气吸收塔底泵 B 出口流量

2. 间接原因

现场仪表人员对尾气吸收塔底泵 B 的入口流量计进行校验，发现流量计引压管堵塞严重。因此，尾气吸收塔底泵 B 跳车的根本原因是在入口流量计堵塞的情况下，内操人员在关小出口阀时，流量波动大形成假值，触发低低流量导致跳车。

（三）故障处置

（1）当班班长汇报值班人员和生产调度，并通知外操人员迅速去现场启动尾气吸收塔底泵。

（2）12∶38，外操人员现场启动尾气吸收塔底泵 B，内操人员建立尾气吸收塔胺液自循环。

（3）12∶39，内操人员恢复胺液系统循环，装置恢复正常生产。12∶41，内操人员将湿净化气并入管网。

（四）经验教训

（1）内操人员需要重点关注关键机组运行情况，若发现机泵出入口流量相差较大时，须及时联系现场仪表人员处理，同时车间制定相关制度，定期对机泵的流量计进行清理，避免发生堵塞。

（2）大型关键机泵出现停车后，应优先启动备用泵，启动前要确认停车联锁处于旁路状态。

三、克劳斯风机定位器故障致阀门失控

（一）故障描述

某日，某厂于 16∶42，某净化装置克劳斯风机 A 切换至克劳斯风机 B 运行后，克劳斯风机 A 处于备用状态，压力 130kPa，风量 13000m³/h（出口阀为打开状态）。

18∶10，克劳斯风机 A 入口导叶突然全开，压力升至 180kPa，风量升至 25000m³/h。

（二）原因分析

经系统仪表检查，16∶42，克劳斯风机进行切换后，克劳斯风机 A 入口导叶阀位从 18% 降至 0 后一直处于全关状态。18∶10，阀位突然全开。

现场仪表人员通过现场检查入口导叶阀门定位器发现，定位器报警指示灯显示控制继电器位置极限报警故障。导致此故障的原因是由于控制继电器(阀芯)固定在极限处而不作响应，从而导致入口导叶失去控制。

（三）故障处置

（1）18：12，外操人员到达现场关闭克劳斯风机 A 出口阀，压力升至222kPa，风量升至22000m³/h。

（2）内操人员手动调节入口导叶无效，18：15，内操人员拍停克劳斯风机 A，外操人员现场关闭高、低压蒸汽大阀，并对蒸汽透平进行疏水。

（3）避免此故障再次出现影响装置生产，更换一台备用定位器。

（四）经验教训

随着阀位的变化，流量在正常情况下都会跟随其发生变化。若出现阀位不变而流量波动大或阀位变化而流量不变情况，应考虑检查现场的阀位动作情况。

四、图幅总管网 H_2S 在线仪表假指示致误报警

（一）故障描述

某日，某厂于 14：59，图幅净化产品气在线分析仪 H_2S 显示突然从0.8461mg/m³ 上涨至 22.5124mg/m³，超过国家一类商品气要求的 $H_2S<6mg/m^3$ 上限，中控室净化装置 DCS 报警。

（二）原因分析

（1）通过在线仪表显示波峰来看，波形为垂直梯形，属不正常波形，正常波形会有上升和下降阶段，并伴有波动，依据以上原因可初步判断在线分析仪出现假指示。

（2）在图幅总管网的在线分析仪显示高报出现报警时，运行班组班长和内操人员应根据各列净化装置的湿净化气在线分析仪和产品气在线分析仪进行对比分析。14：59，H_2S 显示出现 22.5124mg/m³ 超高值时，此时在运的净化装置系列1、系列3和系列4的在线分析仪分别显示 1.54mg/m³、2.10mg/m³ 和 0.54mg/m³，故能判断此为假显示(图1-11)。

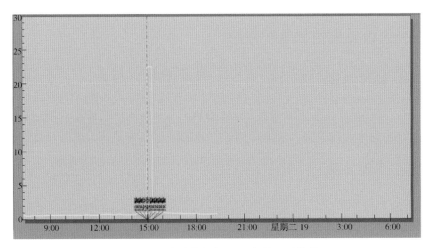

图 1-11 在线分析仪 H_2S 含量显示趋势

（3）图幅 H_2S 指示上涨时，图幅的总硫指示应同步上涨，在此次事件中，图幅总硫未见上涨；也可依据总硫值减有机硫，大致可算出 H_2S 含量。

（4）班组立即联系分析化验人员对在运的净化装置系列 1、系列 3 和系列 4 产品气进行取样分析，分析产品气 H_2S 含量均合格。

（三）故障处置

内操人员立即汇报生产调度，并通过生产调度要求分析仪表人员校对在线分析仪。15∶18，在线分析仪恢复至 1.1041mg/m³。

（四）经验教训

（1）要求班组在看到图幅涉及产品质量的参数：H_2S、总硫、水露点异常报警时，应立即汇报值班干部。

（2）要求图幅火炬单元运行班组监屏人员将图幅涉及产品质量的参数：H_2S、总硫、水露点纳入日常监控范围，每小时检查不少于一次，当三个参数异常报警时，应立即汇报值班干部，要求净化服务站人员依据车间要求制定管理办法，上报车间工艺组备案。

（3）目前，图幅总管网在线分析仪 H_2S 含量高报值为 5mg/m³，高高报值为 6mg/m³，建议当两套以上净化装置 DCS 出现报警时，图幅火炬总表也同步报警。

五、火检丢失致加氢炉停炉

（一）故障描述

某日，某厂某净化装置原料气量为 $63000m^3/h$，加氢炉联锁正常投用。22:44，加氢炉火检 A/B 火检丢失，加氢炉停炉，克劳斯尾气自动切入尾气焚烧炉流程。

（二）原因分析

净化装置加氢炉多次发生因为火检丢失而导致的停炉，初步查明保护氮气自带的粉末致使火检检测不到火焰，导致非计划停炉。

（三）故障处置

（1）跳车后，外操人员迅速赶至现场，内操人员关闭燃料气、减温蒸汽、空气流量调节阀。

（2）按照加氢炉点炉程序进行点炉操作，经过重新调整长明灯燃料气和仪表风的压力，长明灯于 23:10 成功点燃。23:12，加氢炉主火点燃；23:30，尾气并入加氢炉流程，装置恢复正常生产。

（四）经验教训

（1）净化装置低负荷生产时，加氢炉燃料气流量偏低，火焰存在飘忽不稳定的情况，由于火检安装位置的因素，可能会偶然检测不到火焰，导致加氢炉跳车，内操人员在盯盘时，重点关注加氢炉火检及温度变化情况。

（2）火检前端的保护氮气均自带粉末，这与氮气品质有关，粉末积少成多可能会影响火检对火焰的检测效果。

（3）点长明灯时，长明灯燃料气与仪表风压力设定值不宜太大(风压不超 0.18MPa，燃料气不超 0.16MPa)，否则会因为流速过快而导致长明灯无法点燃。

六、控制模块空开跳闸致机泵组运行信号丢失

（一）故障描述

某日，某厂某净化装置于 3:32，内操人员发现 DCS 显示克劳斯风机 B 油泵、脱硫吸收塔泵 A、尾气吸收塔底泵 A、尾炉风机 B 停机，并触发双脱单元保压联锁。

（二）原因分析

本次事件主要原因为运行电机状态仪表信号控制模块空开跳闸导致机组运行信号丢失（表1-10）。

表1-10　机组信号丢失情况表

机柜电源丢失影响信号点			
脱硫塔泵B	酸气分液罐底泵B	克劳斯风机BP	尾炉风机A
尾气吸收塔底泵B	尾炉风机B	克劳斯风机B	尾气吸收塔底泵A
脱硫塔泵A	克劳斯风机AP	酸气分液罐底泵A	

SIS系统失去相应在运机组运行信号，触发相关切断阀动作，导致双脱单元保压联锁。

（三）故障处置

（1）内操人员立刻通知外操人员赶往现场检查机泵相关情况。外操人员到达现场后，发现脱硫吸收塔泵A、液力透平停车，克劳斯风机B油泵和尾气吸收塔底泵A实际为运行状态。

（2）处置过程中，因联锁动作导致尾气吸收塔底泵A出口流程切换至闪蒸罐，但因闪蒸罐压力低，尾气吸收塔底泵A流量由160t/h上升至216t/h，导致尾气吸收塔低低液位，触发尾气吸收塔底泵A联锁停车。

（3）双脱单元保压后，由于克劳斯风机A汽驱风机运行，为了防止因尾炉蒸汽不足导致风机跳车，现场启动克劳斯风机B，但是由于运行信号丢失，无法进行加载操作。

（4）3:43，启动尾气吸收塔底泵A，3:54，启动脱硫吸收塔泵B，恢复胺液循环流程。3:57，引原料气恢复生产。4:23，系统仪表排除故障后，克劳斯风机B恢复正常加载，机泵运行信号恢复。

（四）经验教训

（1）电机状态仪表信号控制模块发生故障，会导致机组运行信号丢失，对不带联锁的机组没有影响，对带联锁的机组则会触发联锁，导致联锁动作发生。

（2）对此类事件，内操人员在看不见机泵运行状态时，可通过机组进出口流量判断机泵运行情况，外操人员现场确认机泵正常运行，内操人员联系仪表人员强制打开联锁阀门恢复生产。

（3）内操人员在关注装置运行状态时，应通过多数据综合判断，防止单一数据假指示而出现误判情况。

七、气田上游 SIS 系统卡件故障触发一级关断信号

（一）故障描述

某日，某厂净化装置处于平稳生产运行中，13：33，气田上游一级关断信号触发，净化装置系列 1 和系列 2 脱硫单元及脱水单元紧急保压。

（二）原因分析

经系统仪表确认，是由于气田上游 SIS 系统卡件故障，导致气田上游内部触发一级关断信号，该信号对气田上游未造成任何影响，仅触发了某厂净化装置系列 1 和系列 2 一级关断。

（三）故障处置

（1）中控室净化装置、脱硫单元、脱水单元保压报警响起，当班人员同时发现联锁动作，当班班长立即联系调度，汇报净化装置触发一级关断，并派人到系统仪表处确认。

（2）经调度询问气田上游后，得知气田上游并未发生任何异常。在关断发生后，当班人员发现原料气管网压力在不断上涨，得知气田上游输气流量阀并未关闭后，于 13：43 恢复联锁，同时关闭放空阀。脱硫单元及脱水单元天然气处理量恢复正常。

（3）由于脱硫单元保压，14：00，净化装置系列 1 酸性气压力最低跌至 39kPa，进克劳斯炉酸性气量最低达到 $3673m^3/h$，13：55，净化装置系列 2 酸性气压力最低跌至 38kPa，经克劳斯炉酸性气量最低达 $3446m^3/h$。为防止克劳斯炉酸性气低低联锁停炉，当班班长联系系统仪表人员摘掉净化装置系列 1 和系列 2 酸性气流量及空气流量低低联锁。

（4）15：00，净化装置进克劳斯炉酸气流量恢复正常后，当班人员恢复净化装置酸气及空气低低联锁，净化装置系列 1 和系列 2 恢复正常。

（四）经验教训

净化装置系列 1 和系列 2 发生一级关断，内操人员首先关注以下报警及阀门动作：

（1）净化装置系列 1 和系列 2 辅操台联合装置保压、脱硫单元保压、脱水单元保压 6 个报警会同时响起。

（2）中控室公用工程辅操台"一期工程保压"会报警。

（3）以下阀门会相应动作（表 1-11）。

表 1-11　一期保压联锁阀门动作表

序　号	阀　　门	动　作
1	原料气去高压火炬泄放阀	打开
2	原料气进料切断阀	关闭
3	原料气进料副线切断阀	关闭
4	湿净化气去高压火炬切断阀	关闭
5	湿净化气分液罐胺液排放切断阀	关闭
6	湿净化气去脱水单元切断阀	关闭
7	湿净化气去脱水单元副线切断阀	关闭
8	净化气分液罐溶剂排放切断阀	关闭
9	净化气去高压火炬切断阀	关闭
10	净化气出装置切断阀	关闭
11	净化气出装置副线切断阀	关闭

内操班长根据报警及阀门动作情况判断是否发生一级关断，汇报调度并联系系统仪表人员，确实发生一级关断，当班人员按照一级保压处置方案进行处理，非正常条件触发的一级关断，内操班长应查看以下参数并进行相应处理。

非正常条件触发的一级关断处理步骤：

（1）当原料气管网压力脱硫吸收塔压力高于 6.15MPa 时，可打开该阀进行泄压。

（2）查看公用工程辅操台"总站一期出站阀关闭"灯是否亮着，如果没亮，则气田上游输气流量阀应处于打开状态。

（3）向调度及系统仪表人员确认何时可以恢复正常生产（若气田上游输气流量阀阀门一直处于打开状态，可以迅速恢复生产）。

（4）若不能短期恢复生产，应按照保压处置方案进行处理。

八、线路短接导致假信号致克劳斯风机跳车

（一）故障描述

某日，某厂于 14：00，内操人员发现净化装置系列 1 克劳斯风机 B 电机定子温度显示为 0℃，联系仪表人员进行处理，并特别提醒此表为 SIS 表，需要联锁旁路后进行校对。14：25，仪表人员旁路该仪表后进行现场处理。14：34，克劳斯风机 B 跳车，由于没有燃烧空气供应，净化装置系列 1 克劳斯炉、加氢炉停车，焚烧炉超温跳车。随后，净化装置系列 2 加氢炉停车。净化装置系列 1 在恢复过程中，尾炉再次出现超温跳车。

（二）原因分析

此次净化装置系列 1 克劳斯风机 B 跳车事件，通过 SOE 及 DCS 查看，发现是由于克劳斯风机 B 电机驱动端另一温度仪表瞬时值达到 200℃ 造成（联锁值 145℃）。初步判断为克劳斯风机 B 电机线路在同一仪表箱内，在进行克劳斯风机 B 电机定子温度现场仪表处理时，电机驱动端另一温度仪表出现短接导致发出一假信号，致使克劳斯风机 B 跳车，克劳斯炉和加氢炉停车。

由于净化装置系列 1 在低负荷运转（处理量 35000m³/h），克劳斯炉酸性气量和空气量都处于小流量，操作波动随时可能引发低低流量联锁，因而旁路了酸性气低低流量和空气低低流量。在克劳斯炉跳车后，酸性气切断阀和空气切断阀未关闭，内操人员发现后关闭切断阀和空气切断阀，但还是有一部分酸气进入尾气焚烧炉，导致尾气焚烧炉快速升温联锁停车。

由于净化装置系列 2 投用汽驱风机克劳斯风机 A，净化装置系列 1 克劳斯炉停车后高压蒸汽量迅速降低，装置处于低负荷运转，净化装置系列 2 高压蒸汽量无法满足克劳斯风机 A 正常运行，风量波动导致净化装置系列 2 加氢炉停车。

15：13，点燃净化装置系列 1 尾气焚烧炉，由于克劳斯炉停车，尾炉处于刚启动状态，尾炉蒸汽出口阀开度 10%，蒸汽量（500kg/h）过低，导致尾炉蒸汽出口温度超温（480℃）跳车。

（三）故障处置

事件发生后，车间立即组织人员进行原因查找和生产恢复。14：50，启动净化装置系列 2 电驱克劳斯风机 B 替代克劳斯汽驱风机 A，点加氢炉，净化装置系

列 2 恢复正常生产，原料气处理量部分转移至净化装置系列 2。净化装置系列 2 处理量 46000m³/h，净化装置系列 1 处理量 30000m³/h。

15：13，点燃净化装置系列 1 尾气焚烧炉，由于尾炉蒸汽出口阀开度 10%，蒸汽量(500kg/h)过低；15：44，尾炉蒸汽出口温度超温再次跳车。随后，多次尝试点净化装置系列 1 尾炉长明灯不成功，初步判断尾炉长明灯点火系统和长明灯火检存在问题，经讨论决定改变恢复流程顺序，先恢复克劳斯炉和加氢炉。在确认净化装置系列 1 克劳斯风机 B 无问题后，启动克劳斯风机 B。16：15，克劳斯炉成功热启动。16：45，加氢炉启动成功。更换净化装置系列 1 尾炉长明灯点火系统后，18：37 成功点燃尾炉，装置恢复正常生产。

（四）经验教训

（1）仪表人员在现场进行 SIS 仪表的处理时，除旁路需要校对的 SIS 仪表外，还要考虑同一仪表箱内的其他线路，根据实际情况旁路可能引发联锁的相关仪表，防止意外情况发生。

（2）加强联锁管理。净化装置联锁的旁路和投用必须由当班班长或技术人员根据实际情况分析确认后，方可操作。并在联锁记录本上做好记录，交接给下一班组。

（3）装置发生跳车事件后，除组织人员进行生产恢复外，更重要的是应进行装置实时状态检查，相应的联锁动作是否发生，阀门开关是否到位，不盲目相信切断阀关断效果，调节阀也必须手动关闭。

（4）提高操作人员在发生跳车事件后正确、快速的处理能力。车间制作出关键机组设备跳车后的主要操作及注意事项。

（5）开工状态尾炉保护蒸汽较少，防止蒸汽过热段超温，尾炉温度控制在 400~500℃。

（6）操作人员恢复生产时，恢复顺序可灵活选择，根据现场实际情况进行生产恢复。

九、联锁后阀门未及时打开致系统憋压

（一）故障描述

某日，某厂在对某净化装置尾气吸收塔做气相测试过程中，11：01，中控室辅助操作台手动拍停加氢炉，随后克劳斯炉跳车。

（二）原因分析

净化装置尾气吸收塔做气相测试，需要在中控室辅助操作台手动拍停加氢炉。11:01，手动拍停炉按钮，加氢炉停炉后由于克劳斯尾气去尾炉的调节阀没有自动打开，硫黄回收单元憋压，导致燃烧空气流量低低联锁触发克劳斯炉跳车。

（三）故障处置

克劳斯炉跳车后，系统仪表将克劳斯尾气去尾炉阀门旁路取消，手动打开，克劳斯尾气去尾炉流程导通，硫黄回收单元压力恢复正常。内操人员迅速关闭克劳斯炉酸气调节阀和空气调节阀，通过酸性气放空阀控制胺液再生塔压力，同时外操人员迅速赶至现场。11:06，克劳斯炉热启动成功，至11:08，克劳斯炉恢复正常。11:26，加氢炉长明灯点燃。11:32，加氢炉主火点燃。11:38，克劳斯尾气重新并入加氢流程，装置恢复正常。

（四）经验教训

（1）拍停加氢炉前，内操人员须事先检查阀门的旁路状态及加氢炉的联锁旁路状态。

（2）加氢炉停炉后，内操人员须及时检查确认阀门状态，确保克劳斯尾气去尾炉阀处于全开状态、克劳斯尾气去加氢阀处于关闭状态，若克劳斯尾气去尾炉阀未打开，内操人员须及时去系统仪表处将旁路取消，并且让系统仪表人员把该阀门打开，避免引起硫黄回收系统憋压，导致克劳斯炉空气流量低低联锁或者酸气流量低低联锁克劳斯炉停车事故。

十、克劳斯尾气至急冷塔切断阀故障关闭

（一）故障描述

某日，某厂于3:00，内操人员在盯盘时发现某净化装置克劳斯尾气出口压力突然上涨至54.98kPa，观察克劳斯炉头压力为61.79kPa，燃烧空气降低至7163m³/h。

（二）原因分析

经查为克劳斯尾气至急冷塔切断阀处于关闭状态，该阀为汽动蝶阀，控制杠杆处于中间位置，由于阀门接头漏气，从而导致切断阀突然关闭，造成克劳斯单元憋压。

（三）故障处置

在上报值班人员及调度后，立即通知了外操人员去现场检查情况，内操人员则关小酸性气量，通过自动放空控制压力在 95kPa。

03：20，外操人员到现场后检查发现过程气至急冷塔切断阀关闭，并立即逐渐打开，同时联系内操人员配合，控制好克劳斯炉配风，关注克劳斯炉头压力情况。03：35，全开该阀门后，炉头压力恢复正常。

（四）经验教训

内操人员盯盘发现问题时，应及时联系值班人员，并通知外操人员立即到现场检查，查清原因，同时内操人员控制好相应参数。

外操人员在巡检时，加强对关键位置的阀门巡检，做到及时发现、及时处理。如汽动蝶阀的状态为关位，则将控制杠杆拉至关位，反之一样，杜绝汽动蝶阀控制杠杆处于中间位置。

十一、克劳斯风机喘振致克劳斯炉停炉

（一）故障描述

某日，某厂于 06：20，内操人员发现某净化装置克劳斯风机 A 出口流量在缓慢下降。内操人员逐渐将设定压力提高，7：38，提高至 186kPa。7：41，触发风机喘振，出口放空阀开到 20%。7：44，入口导叶逐渐开大至 100%，风机转速低于 5100r/min，触发 SIS 联锁信号，风机卸载。

随着入口导叶关小，风机负荷降低及 A 机透平调速阀动作，7：45，透平转速回升至 5100r/min 以上，风机自动加载恢复正常。

在风机卸载流量波动过程中，7：44，克劳斯炉主火检熄灭。内操人员降低尾炉燃料气流量，调整尾炉温度。7：52，尾炉停炉。

（二）原因分析

（1）导致克劳斯风机 A 流量波动原因：由于风机压力较高，外操人员手动开启蝶阀过程中风机流量变化较快，超过最大额定流量，触发风机喘振，出口放空阀开到 20%。由于 A 机靠蒸汽驱动，其调节有一定的滞后性，快速增大的负荷导致 A 机透平转速及出口压力降低，入口导叶逐渐开大至 100%，转速低于 5100r/min，触发 SIS 联锁信号，风机卸载，加剧了风机流量波动。

（2）因之前跳车旁路联锁后未及时投用空气低低流量联锁，此次事件发生时未触发低低联锁停炉动作，致使酸性气切断阀及调节阀未自动关闭。内操人员在发现克劳斯火检熄灭后，关闭空气调节阀，但并未关闭酸性气调节阀，导致大量酸性气进入尾炉燃烧，尾炉温度升高。

（3）尾炉温度升高后，内操人员降低燃料气量，最后燃料气量小于 $100m^3/h$ 时低低联锁停炉。

（4）克劳斯风机 A 流量波动后，未能及时切换至备用风机，也未及时将在用风机风量提升上来，造成较长时间克劳斯炉熄灭，H_2S 因无法被烧掉而大量进入尾炉。

（三）故障处置

7:55，克劳斯炉点炉成功；8:37，尾炉点炉成功；8:59，加氢炉点炉成功；9:08，克劳斯尾气并入加氢炉流程，装置恢复正常生产。

（四）经验教训

（1）值班技术人员接班时，须至中控确认每个单元联锁投用情况，对于没有投用的联锁须查明原因，并进行交接。

（2）交班班组在交接班时，须交接每个净化装置联锁投用情况，接班内操班长须至 SIS 系统电脑查看联锁投用情况，并对具备投用条件的联锁进行投用，同时在联锁管理记录本上记录、签字。

（3）当克劳斯炉火检熄灭但并未触发停炉动作时，内操人员应及时查找原因。若克劳斯主火检熄灭，内操人员须关注配风是否小于酸性气量。

（4）若发生克劳斯炉跳车，内操人员须确认克劳斯炉酸性气调节阀处于关闭状态。若发生加氢炉跳车，内操人员须确认克劳斯尾气至加氢切换到至尾气，同时减温蒸汽阀全关。再次点加氢炉投用减温蒸汽线时，外操人员须先给蒸汽线排凝，再通入加氢炉，避免蒸汽凝水进入加氢炉导致加氢炉衬里脱落。

十二、机泵轴承接线端子松动致温度上升跳车

（一）故障描述

某日，某厂某净化装置尾气吸收塔底泵 B 因温度高高联锁跳车，导致联锁动作，湿净化气放空阀自动打开 75%，部分湿净化气放空。

（二）原因分析

净化装置尾气吸收塔底泵 B 因电机非驱动端径向轴承接线端子松动，产生温度突变，导致尾气吸收塔底泵 B 因温度高高联锁跳车，引起湿净化气放空。

（三）故障处置

尾气吸收塔底泵 B 跳车后，内操人员须及时减少放空量，维持系统压力，当时若湿净化气合格，及时将湿净化气并入系统。

同时，稍微增加进脱硫吸收塔的流量，维持液力透平流量 200t/h 左右运行，维持脱硫吸收塔、胺液缓冲罐、胺液闪蒸罐、胺液再生塔液位。

外操人员及时到现场灌泵，检查备用机组尾气吸收塔底泵 A、中控具备启动尾气吸收塔底泵 A 条件。18：25，启动尾气吸收塔底泵 A；逐步调节尾气吸收塔进出口阀门及调整各塔液位，恢复整个系统的循环。

（四）经验教训

尾气吸收塔底泵停泵后，内操人员要及时减小湿净化气放空维持系统压力，如果合格要及时将湿净化气并入系统，同时将尾气吸收塔进出口流量调节阀关闭，再生贫液泵开回流控制胺液再生塔液位，液力透平投用时注意适当增加进脱硫吸收塔的流量，同时调整液力透平流量至 200t/h，稳住脱硫吸收塔液位，通知外操人员及时到现场启用备用泵。在这个过程中，一定要注意系统液位，不要出现满罐或者空罐现象。

十三、仪表风线故障阀门失控致克劳斯炉和加氢炉停炉

（一）故障描述

某日，某厂某净化装置克劳斯风机 A 防喘振放空阀因仪表风线故障自动全开，导致加氢炉火检丢失停炉。12:34，克劳斯风机因振动值超高联锁跳车，进而导致克劳斯炉空气流量低低联锁跳车。

（二）原因分析

净化装置克劳斯风机 A 的防喘振放空阀因仪表风线故障自动全开，克劳斯风机因超负荷(流量达到 26000m³/h)发生喘振，风压和流量不稳，加氢炉火检丢失停炉，同时，现场启动克劳斯风机 B 来不及切换，克劳斯风机 A 振动值超高联锁跳车，进而导致克劳斯炉因燃烧空气流量低低联锁跳车。

（三）故障处置

克劳斯风机跳车后，内操人员迅速关闭克劳斯炉酸气调节阀和空气调节阀，通过放空阀控制胺液再生塔压力，同时当班人员迅速赶至现场，启动克劳斯风机 B。12:40，克劳斯炉热启动成功；12:50，克劳斯炉恢复正常；13:16，加氢炉长明灯点燃；13:17，加氢炉主火点燃；13:20，克劳斯尾气重新并入加氢流程，装置恢复正常生产。

（四）经验教训

加氢炉联锁停炉后，硫黄尾气并入加氢单元时，须系统仪表联锁复位后，内操人员修改克劳斯尾气至尾炉阀门的低限值由 100% 至 0 后，方允许关小，将硫黄尾气并入加氢单元。

第四节　设备原因

本节主要讲述风机透平、疏水阀、机泵等关键设备的 5 项故障案例，为同类型装置出现类似设备故障后的工艺操控及应急处置提供借鉴。

一、蒸汽管线应力致蒸汽透平振动异常跳车

（一）故障描述

某日，某厂某净化装置正常运行。净化装置原料气处理量 $10.6×10^4m^3/h$。18:19，内操人员发现克劳斯风机 A 驱动端振动达到 $45\mu m$ 而高报，立即检查高压过热温度及压力。

18:20，克劳斯风机 A 驱动端振动达到 $73.7\mu m$ 联锁跳车，同时触发克劳斯炉（联锁值：$2900m^3/h$）、加氢炉空气流量低低（联锁值：$360m^3/h$）联锁停炉。

（二）原因分析

1. 克劳斯风机 A 跳车原因

克劳斯风机 A 驱动端振动值在 18:15 均出现上涨现象，而通过调取净化装置 18:10~18:20 原料气处理量（$105700~105800m^3/h$）、进克劳斯炉酸性气量（$12618~12736m^3/h$）、克劳斯炉进炉空气总量（$15053~15300m^3/h$）、尾炉出口过热段蒸汽温度（$398~405℃$）、尾炉出口过热段蒸汽总量（$16946~17482kg/h$）等相关参数，未发现明显波动情况。排除人为操作原因造成风机跳车，根据净化装置检修后克劳斯风机 A 运行的状况，初步怀疑为克劳斯风机 A 蒸汽管线存在应力未完全消除，导致此次克劳斯风机 A 振动联锁跳车。

2. 尾炉停炉原因

克劳斯炉和加氢炉跳车后，过程气量大幅度减少，为控制尾炉温度，防止超温，需要快速降低尾炉燃料气量，调节阀由 37% 开度快速降低至 12%，流量由 $470m^3/h$ 降至 $200m^3/h$，克劳斯炉热启动后，过程气量大幅度增加，需要快速增加尾炉燃料气量，在调整尾炉燃料气过程中，内操人员手动误输主燃料气阀位至 4%，导致尾炉燃料气流量低低联锁跳车。

（三）故障处置

内操人员汇报车间领导及生产调度克劳斯风机 A 跳车和停炉，同时联系外操人员赶到现场启动克劳斯风机 B。脱硫再生塔顶部压力通过放空阀控制在 110kPa，酸性气放空至低压火炬管网。

18：25，克劳斯风机 B 启动，内操人员开始加载克劳斯风机 B，并逐步升压至 170kPa。

18：31，内操人员热启动克劳斯炉成功。

18：34，脱硫再生塔顶酸性气停止放空，酸性气全部并入克劳斯炉。

18：36，尾炉跳车；18：37，尾炉重点成功。

18：49，加氢炉重点成功；18：52，硫黄单元过程气并入加氢，装置恢复正常生产。

本次停炉，低压火炬放空总量约 3000m³。因停炉，尾气 SO$_2$ 在 18：33 超 960mg/m³，尾气 SO$_2$ 在 18：49 降至 960mg/m³ 以下，共计超标 16min。

（四）经验教训

（1）净化装置关键阀位调整，如克劳斯炉风阀、酸性气阀、加氢炉风阀、加氢炉燃料气阀、尾炉燃料气阀、尾炉风机入口导叶等，在调整阀位时，非紧急工况下，只允许使用 DCS 界面上、下箭头进行调节，严禁使用键盘输入。紧急情况下，使用键盘输入，一定要再次确认输入值是否正确。

（2）中控室使用的操作键盘为一般电脑键盘，紧急情况时，多次、快速、大幅度操作调整存在误操作隐患，建议更换为化工操作工业键盘。建议仪表专业人员优化底层程序，关键阀位大幅变化须做二次确认后方可输出，如尾炉燃料气阀输出的阀位变化值超过 3%，跳转出对话框提示阀位变化过大，存在风险，是否继续，须再次确认后，方可进行调整，减少误操作。

二、疏水阀故障致重沸器蒸汽流量异常

（一）故障描述

某日，某厂于 5：42，某净化装置脱水再生塔重沸器蒸汽流量从 412kg/h 突然开始异常下降。5：54，蒸汽流量降至 105kg/h，内操人员开大调节阀，但流量无变化，此时，脱水再生塔重沸器温度开始下降（由 198℃降至 189℃）。

（二）原因分析

导致脱水再生塔重沸器蒸汽流量异常降低的原因主要是重沸器出口高压凝结水管线的倒吊桶疏水阀发生故障，无法正常疏水导致的。

在发现蒸汽流量降低后，6:15，现场对蒸汽调节阀进行检查，现场实际阀位与控制室阀位吻合，调节阀动作正常，排除调节阀原因；蒸汽流量下降后，脱水再生塔重沸器温度同时出现降低，排除流量计测量失灵的原因；在对现场疏水阀进行检查后发现，投用的疏水阀无明显过量声音，脱水再生塔重沸器封头有惠漏现象，切换疏水阀后，蒸汽流量恢复、凝结水管线明显过量、脱水再生塔重沸器惠漏现象消失；各参数恢复正常。

拆下疏水阀进行检查，发现是疏水阀内部的排气阀掉落，导致疏水阀无法正常疏水。

（三）故障处置

班组随即汇报值班领导及值班技术员进行处理，6:14，现场进行确认，发现疏水阀A故障，将A切换至B后，蒸汽流量恢复正常。6:15，产品气水露点从-26.16℃开始上涨；6:44，达到最高-14.6℃，随后水露点开始下降；7:20，水露点降低至-15℃以下，净化装置恢复正常生产。处理过程中，产品气总网水露点一直处于合格范围内（最高-19℃），未进行产品气放空。

（四）经验教训

（1）装置脱水再生塔重沸器等使用的倒吊桶疏水阀，长时间运行后易出现故障，以及无法疏水的问题，在运行过程中应该根据蒸汽流量与阀位关系及换热器出口温度变化情况对疏水阀运行情况进行判断；在装置负荷稳定的情况下，换热器出口温度、阀位及蒸汽流量波动较小，若出现蒸汽调节阀的阀位异常偏大或者自动串级投用时，蒸汽调节阀的阀位逐渐开大，而出现蒸汽流量不变或下降的情况时，应考虑疏水器的疏水效果差，凝结水排出不及时，需要切换至备用疏水阀并下线，联系维保人员进行检查维护。

（2）在出现脱水再生塔重沸器蒸汽流量突然下降时，首先应到现场进行确认：①现场核对蒸汽调节阀的阀位与控制室是否一致，调节阀是否可以正常动作，若调节阀出现故障则应切出调节阀，联系仪表人员校验处理，并同时使用调节阀副线控制蒸汽流量，保证脱水溶剂再生合格。②现场检查疏水阀运行状态，检查管线是否有明显的过量声音，若现场杂音太大无法判断，可直接对疏水阀进行切换，观察切换后蒸汽的流量是否正常。③若调节阀、疏水阀均正常，且脱水再生塔重沸器温度未出现下降趋势，产品气水露点合格，则说明仪表流量计显示假值，需要联系仪表人员校对。

（3）当出现单净化装置水露点超标时，应该注意总网的产品气水露点，可通过转移处理量到其他净化装置的方式，保证总网产品气水露点合格；若处理时间较长，通过负荷转移无法调控，总网产品气水露点高于−15℃时，应切断超标净化装置产品气外输，联系调度对水露点超标的净化装置进行产品气放空。

三、轴承温度异常上涨致脱硫吸收塔泵跳车

（一）故障描述

某日，某厂某净化装置脱硫吸收塔泵 A 非驱动端轴承温度开始异常上涨。18：29，温度达到90℃而高报。18：31，温度达到100℃联锁跳车。

（二）原因分析

导致本次装置放空的主要原因是脱硫吸收塔泵 A 的非驱动端轴承超温联锁跳车，联锁后放空阀自动输出75%放空；脱硫吸收塔没有贫液进入，使湿净化气硫化物超标，导致脱硫吸收塔泵 B 启动后仍放空了6min。

（三）故障处置

联锁后，内操人员立即关小放空、稳定原料气量，维持塔罐液位，外操人员立即赶到现场启动脱硫吸收塔泵 B。18：42，启动脱硫吸收塔泵 B 成功；18：45，脱硫吸收塔泵 B 的贫液进入脱硫吸收塔。由于跳车后循环量降低，湿净化气中 H_2S（30.56mg/m³）、MeSH（22.44mg/m³）、COS（56.12mg/m³）都较高，超出控制指标无法立即关闭放空并网。18：51，湿净化气中硫化物含量降低至控制指标范围内，内操人员关闭放空，产品气外输，装置恢复正常生产；放空时间20min，放空量约为20000m³/h。

（四）经验教训

建议做报警值整定，脱硫吸收塔泵 B 电机非驱动端轴承温度在90℃时报警，联锁值100℃，90℃到100℃只用了3min时间，而正常运转中温度通常在30～40℃，根据趋势，从正常值到报警值有10min时间，若报警值设置低一些则能更及时地发现异常，并能及时处理问题。

四、脱水塔泵安全阀失效

（一）故障描述

某日，某厂某净化装置由于电气人员要检查脱水塔泵 B 电机，因此在 10：14，脱水塔泵 B 切泵 A，切完以后发现 TEG 贫富液换热器贫液出口温度上涨至 105℃，当时怀疑是 TEG 贫富液换热器堵塞，于是 TEG 贫富液换热器由 B 切 A，将换热器 B 退液清洗。12：00，发现 TEG 缓冲罐液位持续下降，怀疑是 TEG 贫富液换热器贫液入口阀内漏，于是将 TEG 贫富液换热器由 A 切回 B，观察发现液位下降现象并未消除。

（二）原因分析

在 TEG 缓冲罐液位下降的同时 TEG 地罐的液位有微微上涨趋势，说明现场有 CD 管线内漏 TEG，经检查，现场 CD 线盲板只有脱水塔泵安全阀出口为开位，而 TEG 过滤器安全阀副线关死，经听管线声音后判断，脱水塔泵 A 的安全阀内漏，导致系统 TEG 流入回收罐中。

（三）故障处置

经外操人员检查，最终发现脱水塔泵 A 安全阀内漏，导致 TEG 缓冲罐液位下降，于 13：52 重新将脱水塔泵切回 B 机，液位恢复正常。

（四）经验教训

三个地罐的液位在不切机泵、清理换热器、过滤器排液的情况下，应保持稳定不变，在盯盘过程中应重点关注，若液位上涨，说明装置有漏液的情况，应及时检查处理。在检查时，应首先检查 CD 盲板的情况，以及没有盲板的连通地罐的管线情况，常见的有过滤器安全阀副线未关紧、安全阀内漏、取样器为排凝位等情况。

五、过滤器堵塞致再生贫液泵停车

（一）故障描述

某日，某厂于 10：50，某净化装置处理量由 54000m³/h 提升至 80000m³/h。11：20，再生贫液泵 A 过滤器堵塞，切换至再生贫液泵 B 运行，再生贫液泵 A 退液置换清洗过滤器；11：55，再生贫液泵 B 堵塞，流量快速下降，胺液缓冲罐液位低于 5%，胺液循环被迫中止。

（二）原因分析

根据运行趋势及相关数据可以看出，此次引发胺液循环中止的主要原因为再生贫液泵 A/B 过滤器均堵塞，系统循环无法维持，原料气被迫中止进料，克劳斯炉由酸性气模式改为燃料气模式。

净化装置大检修后投产，装置虽经过水洗、胺液冷热循环，系统局部仍存在少量杂质，装置处理量由 54000m³/h 提升至 80000m³/h 后，胺液循环量发生变化，杂质进入再生贫液泵过滤器引发再生贫液泵过滤器堵塞。

（三）故障处置

11：59，内操人员手动拍停加氢炉；12：01，净化装置原料气中止进料；12：03，克劳斯炉由酸性气模式切换至燃料气模式运行。

12：16，重新启动再生贫液泵，建立胺液循环；12：44，胺液再生合格后引原料气恢复投产；12：35，克劳斯炉引酸性气进炉，13：12，重点加氢炉成功，13：20，硫黄尾气并入加氢炉，装置恢复正常生产。

（四）经验教训

（1）净化装置胺液系统大，单套净化装置循环溶剂约 500t，循环量为 350t/h，在大检修复产准备工作安排中，增加胺液系统水冲洗、水热循环、胺液热循环时间，加大对溶剂系统冲洗、置换、杂质清理。

（2）大检修复产初期，装置贫胺液杂质较多，引入原料气后也会带入部分杂质，易导致再生贫液泵过滤器频繁堵塞，为保证生产，特制定再生贫液泵清洗及运行规定。

第五节　工艺原因

本节主要介绍了溶剂发泡、冲塔、硫封流量异常等 6 项典型的工艺类故障案例，为同类净化的工艺操控、参数分析提供借鉴。

一、液力透平投用致产品气 COS 异常上涨

(一)故障描述

某日，某厂某净化装置处理量74126m³/h。9∶27，投用液力透平；9∶54，产品气的 COS 含量从 22.79mg/m³ 开始上涨，到 10∶12，COS 上涨至 42.23mg/m³，并基本稳定在 42~43mg/m³。总网 COS 含量从 18.1771mg/m³ 上涨至 22.968mg/m³，总硫从 18.1845mg/m³ 上涨至 22.02mg/m³。

(二)原因分析

在净化装置投用液力透平的过程中，由于液力透平是用除盐水进行备用的，加之温度较低，当这部分液体随液力透平投用，转入胺液系统时，其具有一定的消泡作用；观察分析各塔液位，投用液力透平后系统的液位出现降低的现象，并且胺液再生塔的液位波动情况基本消除。故在液力透平投用的过程中，这部分除盐水进入系统相当于一个补液的操作，有消泡效果，并会打破胺液系统所维持的一个平衡，从而影响产品气的 COS 含量(图 1-12)。

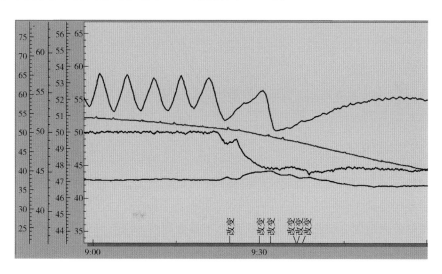

图 1-12　胺液系统各塔罐液位趋势

（三）故障处置

维持净化装置各工艺参数在正常范围内，调节克劳斯炉风量以控制克劳斯尾气。

（四）经验教训

（1）在液力透平的投用过程中，会不可避免地破坏胺液系统现在所维持的平衡，在一定程度上消除胺液的发泡，从而使产品气的 COS 含量上涨，操作时，应有一个心理预期。

（2）及时关注 COS 含量的变化，总网的 COS 要求控制在 26mg/m³ 以下，若产品气达标则不用特别处理，若产品气的 COS 含量上涨过快，可以考虑向吸收效果较好的净化装置转移负荷，并及时上值班领导。

二、溶剂发泡致脱硫塔冲塔

（一）故障描述

某日，某厂净化装置正常运行，净化装置系列 1 处理量 104534m³/h，净化装置系列 2 处理量 107256m³/h，净化装置系列 3 处理量 105663m³/h，净化装置系列 4 处理量 102321m³/h。15:54，调度通知气田上游批处理降量 20×10⁴m³/d，16:40，批处理结束。

17:42，净化装置系列 1 脱硫吸收塔压差突然增大达到 50kPa 并报警，17:44，又快速上涨至 76.19kPa，湿净化气分液罐液位由 8.1%快速上涨至 88.36%。

（二）原因分析

气田上游于 15:54 开始批处理，16:40 结束批处理，批处理前后，净化装置消泡处理过程如下：

根据总硫情况，净化装置系列 1 在下午批处理前，均按照要求进行了消泡处理。净化装置 1 至批处理后闪蒸气、酸性气、胺液闪蒸罐出口富液流量、再生塔顶压力均未发生较大变化，排除净化装置上午加注消泡剂后系统运行而引发系统发泡原因。

根据前期运行经验，批处理后装置均可能出现溶剂快速发泡的情况，因此按照要求，班组在批处理前对其中两列净化装置进行了消泡处理。由于批处理后，产品气总硫含量超过 50mg/m³。根据运行数据，每次加注消泡剂后，净化装置 COS 会上涨 20~30mg/m³，为避免总网产品气总硫含量超标，按照要求，班组未进行消泡操作。而后，净化装置发生冲塔现象，为避免其他净化装置也发生冲塔，班组立即对净化装置系列 2 进行消泡处理。

此次净化装置系列 1 脱硫吸收塔冲塔前，原料气过滤器 C 已经投用。根据排液数据可以看出，此次净化装置脱硫吸收塔冲塔前，原料气过滤器 C 液位未有明显变化。

造成此次脱硫吸收塔冲塔的原因可以判断为：

（1）批处理是引起脱硫吸收塔胺液发泡的主要因素。

（2）高负荷运行状态下，原料气过滤器 C 过滤效果不详，不排除原料气中的杂质未有效过滤的可能。

（三）故障处置

（1）17：44，内操人员立即对净化装置系列 1 进行降量为 2×10^4m³/h 处理（由 104534m³/h 降至 83071m³/h）；17：46，向系统加注消泡剂；同时，外操人员赶到现场进行湿净化气分液罐排液工作；17：58，液位缓慢下降。

（2）17：49，脱水塔液位由 64.68% 快速上涨至 96.71%，产品气水露点由 -21.58℃ 上升至 -6.55℃；17：52，内操人员切断脱硫至脱水的流程，进行湿净化气放空，并且联系调度降量处理，净化装置维持 6×10^4m³/h 处理量。

（3）17：55，脱水塔出口液控阀全开 100% 后不过量，TEG 缓冲罐液位快速降低至 30%（接近空罐），脱水再生塔重沸器温度上涨至 210℃，内操人员降低脱水再生塔重沸器蒸汽流量；外操人员通过副线阀调节流量，并联系现场仪表人员。

（4）18：16，湿净化气分液罐液位不再上涨，脱硫吸收塔压差降至 30kPa，湿净化气指标合格后，导通脱硫至脱水切断阀，并从脱水处打开 5% 阀位进行放空。

（5）19：01，静设备将脱水塔至 TEG 地罐盲板倒为开位，外操人员现场导通脱水塔至 TEG 地罐流程，液体排至 TEG 地罐中，便于脱水单元快速再生合格。

（6）19：12，脱硫及脱水单元稳定后，关小湿净化气放空，改为产品气放空，19：16，产品气指标合格后，逐步关小脱水放空，产品气进行并网外送，装置恢复正常生产。由于脱水溶剂处于再生阶段，并网后，水露点有一定幅度波动（-20~-10℃）。本次事件，装置累计放空量约为 8×10^4m³。

（7）19：32，脱水塔液位降低至正常（72%）后关闭排液手阀，19：39，LV-20102 校表完成并投用，TEG 地罐液位由 22% 上涨至 42%，根据各塔器液位的变化计算，脱硫溶剂窜至脱水的溶剂质量为 5~6t。

（8）19：35，将 TEG 再生塔安全阀副线打开，并开大脱水再生塔重沸器蒸汽流量，提高 TEG 循环量，以加快脱水溶剂再生。

（9）19：49，气田上游开井提量，装置提量至 $1060×10^4 m^3/d$。该套净化装置恢复至 $9.2×10^4 m^3/d$，目前水露点 -21.4℃，正常稳定。

（四）经验教训

脱硫吸收塔压差异常处理方法：

（1）如脱硫吸收塔压差高于 50kPa，原料气降量 $2×10^4 m^3/h$，若压差高于 60kPa，再降低 $2×10^4 m^3/h$。

（2）脱硫吸收塔和尾气吸收塔同时加注消泡剂。

（3）原料气负荷转至其他净化装置，如其余净化装置不能完全接收，图幅压力高于 5.9MPa 通过原料气放空，维持其余净化装置处理量稳定，原料气管网压力稳定。

（4）防止脱硫溶剂窜入脱水系统，关注湿净化气分液罐液位，上升速度超过 1%/10s，液位高于 50%，联系调度，湿净化气放空，关闭脱硫至脱水系统切断阀，关闭产品出装置阀，联系调度，井场调产。

（5）批处理完成后 70min 内，内操人员须严格关注脱硫吸收塔压差变化趋势，若压差上涨 6kPa，则进行脱硫吸收塔消泡处理。

（6）批处理前，根据产品气总硫情况，对其中两套发泡最严重的装置进行消泡处理，批处理完成后，对另外两列装置进行消泡处理，防止批处理后脱硫吸收塔发生冲塔现象。

三、溶剂发泡致尾气超标

（一）故障描述

某日，某厂净化装置处理原料气总量为 $785×10^4 m^3/d$。8：30，气田上游开始批处理，原料气总量降量 $80×10^4 m^3/d$。16：30，气田上游批处理结束，净化装置原料气总量恢复至 $775×10^4 m^3/d$。

14：35，某净化装置胺液闪蒸罐闪蒸气量快速上涨；14：40，胺液闪蒸罐闪蒸气超过量程，达到 1122m³/h。

（二）原因分析

（1）此次净化装置尾气超标的主要原因是再生胺液不合格。由于胺液闪蒸罐压力设置在自动 0.55MPa，净化装置胺液闪蒸罐闪蒸气量突然增大后，阀位在不断开大，阀位达到 100% 时，胺液闪蒸罐压力将不断上涨，而此时由于胺液闪蒸罐液控为手动控制阀位且保持不变，胺液闪蒸罐压力的上涨导致大量的富液进入再生塔胺液再生塔，胺液再生塔再生后不合格，导致产品气 H_2S 和尾气 SO_2 超标。

在闪蒸气量迅速上涨时，胺液闪蒸罐的压力也在快速上涨，由于内操人员没有及时调整阀位，导致胺液闪蒸罐液位一直在下降。而后，内操人员通知相关技术员，通过让胺液闪蒸罐闪蒸气向低压火炬放空，控制住胺液闪蒸罐压力，胺液闪蒸罐液位才逐渐维持正常液位。

（2）造成此次尾炉 SO_2 超标的次要原因是，内操人员在盯盘时，看到闪蒸气快速上涨的情况时，没有及时汇报给班长和相关技术员，虽然增大了胺液重沸器蒸气流量，从 38t/h 提至 42t/h，但是胺液再生还是需要一定的过程，造成了尾气指标 SO_2 超标。

（3）造成此次尾炉 SO_2 超标的根本原因为胺液运行质量下降，即在装置原料气负荷 $9×10^4m^3/d$ 以上时，COS 指标应不低于 $30mg/m^3$，COS 长期低于 $30mg/m^3$，前期会出现尾气 SO_2 白天超 $400mg/m^3$ 的现象，严重时会导致胺液再生塔冲塔。

（三）故障处置

14：43，内操人员向富液闪蒸罐加入消泡剂 30s，闪蒸气依然超过量程没有变化；14：54，尾气 SO_2 指标超过 $960mg/m^3$；15：05，尾气 SO_2 指标下降至 $960mg/m^3$ 以下；15：32，尾气指标 SO_2 再次超标大于 $960mg/m^3$；15：39，尾气指标下降至 $960mg/m^3$ 以下，装置恢复正常。

（四）经验教训

（1）气田上游批处理后，净化装置易出现胺液发泡、冲塔等情况，导致尾气指标超标，运行班组的班长和内操人员应该根据批处理情况，提前分批处理各净化装置，而不是等到胺液已经出现发泡冲塔等情况时再进行处理。

57

（2）加注消泡剂前，胺液闪蒸罐应改为手动控制，提前将克劳斯炉压力降低至70~75kPa，酸性气及配风改手动控制；加注消泡剂后，酸性气压力会迅速上升，酸性气压力控制不超过90kPa，手动控制稳定进炉酸性气流量增量不超过500m³，注意克劳斯风机A的总风量（不超过22000m³/h）。整个调整过程缓慢，防止酸性气流量大幅度上升或下降。

（3）加入消泡剂后，克劳斯炉酸性气波动，克劳斯炉一区的温度反应最为及时，应根据加入消泡剂前克劳斯炉稳定时的温度判断配风是否合适，温度升高配风过大，温度降低配风过小。

（4）利用胺液净化单元对净化装置胺液进行净化处理，对净化装置现有胺液进行置换。

四、溶剂发泡致再生塔冲塔

（一）故障描述

某日，某厂某净化装置原料气量107000m³/h。8∶30，接调度通知，气田上游批处理，原料气量在105000~112000m³/h之间波动。9∶27，内操人员发现酸气分液罐酸性气压力由78kPa开始下降，内操人员迅速减小克劳斯炉酸性气量，由13200m³/h下降至8300m³/h，但酸气分液罐酸性气压力还是在1min内迅速下降至48kPa，酸气分液罐液位由50.2%迅速上升至100%。

（二）原因分析

此次净化装置酸气分液罐酸性气压力在1min内由78kPa下降至48kPa，造成酸气分液罐满罐，通过查看DCS记录，胺液再生塔发泡导致冲塔。

产品气不合格原因：为防止胺液进入克劳斯炉，造成严重事故，同时使用两台酸气分液罐回流泵进行返液，胺液再生塔流量增大，导致胺液再生不合格，脱硫塔吸收效果降低，造成产品气不合格。

（三）故障处置

为防止酸性水进入克劳斯炉，造成严重事故，车间决定外操人员立即启动备用泵酸气分液罐回流泵A，酸气分液罐回流泵A/B同时运行，降低酸气分液罐液位，由于酸性水返回胺液再生塔流量增大，导致贫液再生不合格，从而产品气不合格。10：14，关闭产品气外输阀门，打开脱硫湿净化气放空切断阀，通过放空至高压火炬，同时，转移净化装置处理量至其他净化装置，并由107000m³/h逐步降量至50000m³/h。10：57，脱硫湿净化气合格，打开脱水产品气放空切断阀，脱水后将天然气进行放空，同时关闭脱硫放空阀。11：06，产品气合格，并入产品气管网。装置恢复正常生产。

（四）经验教训

（1）酸性气压力大幅度波动时，直接影响胺液再生塔顶部气流，导致酸气分液罐液位急剧变化，此时首先要控制克劳斯炉酸性气流量，同时调节克劳斯炉配风，稳定酸性气压力，防止酸气分液罐液位过高，进入克劳斯炉，造成严重事故。

（2）装置发生紧急事件后，进行生产恢复时，需要控制调节速度，防止恢复过程中打破其他单元的平稳操作。

（3）随着装置负荷提高，操作工况发生变化，内操人员在操作过程中积累不同工况下的操作经验。

五、液硫管线硫封流量异常

（一）故障描述

某日，某厂在安全检查过程中，发现某净化装置的第三级硫封流量偏小，而第四级硫封流量偏大的现象。车间立即对第三级硫封管线的伴热、管线流程，以及硫黄单元的各运行参数进行了检查，通过一系列的工作，最终判定为第三级硫冷凝器底部管线被沉积杂物堵塞。

（二）原因分析

主要原因如下：

本次净化装置第三级硫封流量偏低的原因主要是三级硫冷凝器底部堆积了某些固体杂物，并聚集在液硫出口管线的位置上，堵塞管线，使得液硫无法正常流动。从现场拆开硫封的状态来看，三级硫封入口的液硫基本不带压，是从三级硫冷凝器本体经过固体杂质渗透溢出的。三级硫封无法正常流出，液硫随过程气携带至液硫补集器，使得第四级硫封流出偏大。

在液硫管线疏通后，拆开了三级硫封的过滤器进行检查，在过滤器内发现了部分大颗粒铁渣，由此再次印证了固体颗粒杂质堵塞管线是事件的主要原因。

（三）故障处置

车间组织对净化装置三级硫冷凝器底部出口管线进行了疏通，管线疏通后，三级硫封流量恢复正常。

（四）经验教训

硫封状态能够及时反映出硫黄单元的运行情况，对各净化装置负责的技术员、科级干部须定期关注检查硫封状态；外操人员每周对净化装置硫封观察口进行检查。检查内容包括：液硫流动情况、液硫颜色、硫封观察口是否有杂物、对硫封口的密封面进行清理，并如实对检查情况进行记录。

正常运行状态下，硫封液硫的流量由第一级硫封到第四级硫封依次减小，当出现硫封的液流偏小或没有时，应从管线伴热是否正常、管线流程是否畅通、工艺运行参数变化(如克劳斯炉头压力等)、管线是否堵塞等方面进行检查。

六、净化装置硫封堵塞

（一）故障描述

某日，某厂净化装置日处理量 $1080 \times 10^4 \mathrm{m}^3$，净化装置均正常生产。11：20，巡检人员发现单元硫封平台下方有液硫流出，立即通知了车间技术员，车间也即时得到了问题汇报。

（二）原因分析

造成液硫外漏或液硫流程不通的原因主要有三种：一是腐蚀穿孔。二是伴热温度不够。三是锈渣或杂物堵塞管道。此次净化装置第三级硫封液硫溢出，在进行原因分析后认为，硫封观察口至硫封池的管线堵塞。

对液硫管线伴热站进行检查，通过用硫黄划线、测疏水阀前后温度的方式进行判断，该硫封的伴热管线处于正常运行状态，故排除此原因。

对液硫观测孔底部进行疏通。现场人员利用木棍对硫封观察口至硫封罐的一小截管线进行了疏通，观察口处的液硫液位明显下降。管线堵塞情况解决。通过对现场的勘察，判断此次堵塞管线的杂物主要为：①硫封盖密封面周边的锈渣。②管壁四周锈渣。

（三）故障处置

车间人员立即赶至现场进行确认。大班人员赶至现场确认泄漏点为三级硫封，检查了伴热站阀组，确认伴热线工作正常后，现场打开硫封盖后，发现三级硫封的液位已达到观察口顶部，排除了硫封腐蚀穿孔因素，立即关闭了三级硫封根部阀，防止了事态的进一步扩大。利用现场临时工具对硫封进行了疏通。11：35，三级硫封流程恢复畅通；11：40，打开三级硫封根部阀，液硫流动正常。单元硫封处的地面卫生已恢复正常。

（四）经验教训

（1）针对设备出现的问题，考虑在检修期间对净化装置的四级硫封进行检查：

① 检查设备密封垫片状况，是否存在垫片锈蚀、缺失、失效的情况，做到及时更换。

② 检查液硫观察口及连接管道管壁的状况，是否有锈蚀、腐蚀等情况。

③ 对硫封观测孔四壁的锈渣进行清理。

（2）净化装置高负荷期间，液硫产量较其他时候更高，一旦发生管线堵塞，很容易造成液硫外溢等事件发生。所以，在此期间，现场巡检人员要高度重视硫封区域的日常检查。

第六节　其他原因

一、停车信号传输过程中丢失致泵空转

（一）故障描述

某日，某厂于14：32，某净化装置排污降温池液位96%，大班人员现场启动排污降温池泵B排液，并将泵打为自动模式，告知班组若液位过低须及时停泵。15：02，排污降温池液位10.4%，液位低低联锁，电机并未停止，排污降温池泵B继续运行，班组人员未及时发现异常。

（二）原因分析

通过 DCS 调取当天排污降温池泵 B 的运行参数，14∶56，排污降温池液位 29.8%，触发低低液位联锁。

但是，排污降温池泵 B 未能联锁停车，而是继续运转。首先排查了仪表及电气方面是否存在问题。分别对排污降温池泵 B 进行了两次测试：系统仪表人员确认联锁逻辑工作正常，电气人员确认电机回路控制正常。DCS 显示，当天下午确已触发低低流量联锁，于是联系电气专业人员检查相关问题。电气专业人员确认当天 14∶56，当排污降温池泵 B 触发液位联锁后，电气控制间没有收到停泵信号，停车信号丢失。

最后确认的是停车信号在传导至电气控制间的过程中丢失，未能让泵电机停车，导致了排污降温池泵 B 在低液位持续运转。

（三）故障处置

（1）巡检人员发现净化装置排污降温池泵 B 附近有异响，检查后发现排污降温池液位过低，排污降温池泵 B 存在空转现象，立即返回中控室报告车间设备技术员。

（2）技术人员在 DCS 上确认排污降温池液位过低，排污降温池泵 B 空转，立即联系巡检外操人员。9∶21，现场停泵，确认泵切为自动状态。

（四）经验教训

此次事故是联锁信号丢失导致泵连续空转。但是，大班人员在将相关情况交代给班组后，班组未能对泵及排污降温池液位进行跟踪，且并未将情况交接给后续班组，也是此次事故的原因之一。在今后的生产运行中，大班人员、当班班组需要注意以下几点：

（1）大班人员与班组工作交接必须以生产指令的书面形式交接。

（2）班组交接班时，对净化装置设备运行情况进行检查，若发现异常及时上报处理并记录在交接班记录本上。

（3）班组外操人员净化装置日常巡检工作按外操人员巡检规定执行。

（4）净化装置对应负责设备技术员，每天 17∶00 前对所属装置设备运行情况进行巡检。发现异常及时上报处理并记录在设备组工作日志上。

二、调速阀故障致克劳斯风机跳车

(一)故障描述

某日，某厂某净化装置富液闪蒸罐闪蒸气量较大(大于 1000m³/h)。8:11，向富液闪蒸罐加 60s 消泡剂，随着消泡剂发生作用，酸性气压力、流量开始变化；8:14~8:16，酸性气量从 14080m³/h 增加到 15367m³/h，加氢炉中过程气也随之上升，克劳斯炉(加氢炉)空气流量在空气与酸性气(过程气)串级控制下增大，导致汽驱克劳斯风机 A 出口流量从 20641m³/h 增加到 21000m³/h 以上，其中最大风量 21990m³/h(风机额定流量为 22145m³/h)，以此状态稳定运行 13min 后，8:29，克劳斯风机 A 跳车，导致克劳斯炉、加氢炉停炉。

(二)原因分析

SIS 系统 SOE 记录显示，净化装置透平转速低至 5100r/min 以下，引发 PLC 联锁停车。

(1)蒸汽透平调速阀动作不及时，导致进入的蒸汽不能满足风机负荷需要，导致转速降低。透平调速阀阀杆与支架的划痕表明在阀动作时受到额外摩擦阻力，影响了调速阀的灵活性，导致蒸汽量未能及时满足风机需要。

(2)如果速关阀拉杆因振动等原因自己脱落，造成速关阀关闭，蒸汽不能进入透平；此时，速关阀关闭，蒸汽全部被立即切除透平，透平转速被拉低。速关阀问题不是造成此次克劳斯风机 A 跳车的主要因素。

(三)故障处置

8:41，电驱克劳斯风机 B 启动并加载至工作压力；8:46，克劳斯炉热启动成功，酸气停止放空；9:07，加氢炉启动成功；随后，尾气并入加氢炉，生产恢复正常。12:46，克劳斯风机 A 重启成功，并 150kPa 备用。

(四)经验教训

(1)装置满负荷或负荷超过 92%，加注阻泡剂前，将克劳斯炉空气调节阀(空气主调节阀和空气微调节阀)调整为手动状态。控制风机出口风量 21000m³/h 左右(风机额定流量为 22145m³/h)，密切注意风机转速(正常转速 5300r/min)不低于

5100r/min，保证转速平稳；关注透平本体振动（不超 45μm）、透平轴承温度（不超 107℃）。

（2）加注消泡剂后，操作人员须密切注意酸气量增加情况，尤其是消泡剂加注完成 20min 内，须高度关注酸气量波动情况。

（3）酸气量波动值超过 1500m³ 时，可适当提高酸气压力至 90kPa（酸气压力不超过 100kPa，放空值为 110kPa）。

（4）装置满负荷操作时，第一次加注操作平稳后（时间约 1h），允许第二次加注。

（5）在克劳斯风机 A 停用期间，仪表工和动设备操作工应认真检查仪表，定期检查调速阀、速关阀等阀门的灵敏度情况。

三、开井后产品气 MeSH 含量超标致放空

（一）故障描述

某日，某厂净化装置平稳生产，原料气处理总量 970×10⁴m³/d。18：20，接调度通知，某井解堵结束，准备开井。1：54，净化装置 MeSH 含量突然快速异常上涨。净化装置系列 1MeSH 含量从 4.42mg/m³ 快速上涨至 47.80mg/m³，如图 1-13 所示。

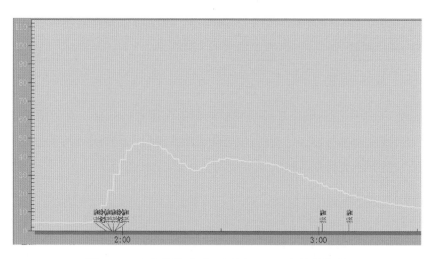

图 1-13　净化装置系列 1 产品气 MeSH 含量趋势图

净化装置系列 2MeSH 含量从 5.37mg/m³快速上涨至 59.98mg/m³，如图 1-14 所示。

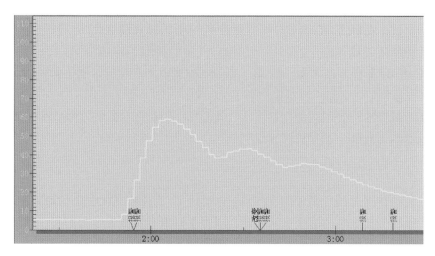

图 1-14 净化装置系列 2 产品气 MeSH 含量趋势图

净化装置系列 3MeSH 含量从 4.76mg/m³快速上涨至 23.61mg/m³。

净化装置系列 4MeSH 含量从 5.13mg/m³快速上涨至 27.56mg/m³。

车间人员发现异常后，迅速联系生产调度。2∶05，各净化装置总硫及原料气量见表 1-12。

表 1-12 各净化装置总硫及原料气量

系 列	COS/(mg/m³)	MeSH/(mg/m³)	原料气量/(m³/h)
1	32.98	47.80	98658
2	30.68	58.98	106561
3	44.46	23.61	100178
4	46.38	27.56	101372

经计算可知，此时管网总硫含量超过 50mg/m³。

（二）原因分析

经询问得知，井口冻堵后，采取加注甲醇的方式进行解堵，解堵后再次开井时装置 MeSH 含量超标。

65

（三）故障处置

为避免外输产品气总硫含量超过 50mg/m³，维持硫黄尾气单元平稳运行，经调度同意后，车间于 2:15 对总硫含量最高的净化装置进行产品气放空，关小净化装置产品气外输阀门。2:17，气田上游关井，降量 $10×10^4$m³/d。2:39，各净化装置 MeSH 含量开始下降。2:40，关闭净化装置产品气放空阀，装置恢复正常生产。此次放空 25min，放空量约为 $1.8×10^4$m³。

整个过程中，管网总硫含量由 34.14mg/m³ 上涨至最高 57.21mg/m³，并未超过国标商品天然气一类气指标 60mg/m³。

（四）经验教训

（1）在管网总硫含量控制在 50mg/m³ 以下，负荷较高（大于 100000m³/h）情况下，原料气提量时须汇报车间领导，同时要对所开井情况进行汇报，得到同意后方可提量，并做好总硫含量升高的心理准备。

（2）在净化装置出现单列或某几列总硫含量超 50mg/m³ 时，预先判断是否会造成管网总硫含量超 50mg/m³，并立即汇报值班人员及相关车间领导。

（3）当预判管网总硫含量超过 50mg/m³，或已经超过 50mg/m³ 时，对相应总硫含量超高净化装置进行产品气放空操作，其放空原则为：只放总硫含量超标净化装置产品气，保持其他净化装置正常运行，通过原料气降量等方式确保不出现全部净化装置放空情况，确保某厂自用燃料气量。

（4）由于原料气来自不同支线，原料气分配不同，将导致不同净化装置总硫含量情况不一，对于出现总硫含量超标的净化装置，放空时不宜过多降低其放空量，避免高含硫原料气流入其他正常净化装置，其放空量至少保证其他正常净化装置总硫含量稳定，不超标。

（5）克劳斯风机 A 蒸汽透平投入系统时，净化装置处理量低于 $7×10^4$m³/h，须将克劳斯风机 B 启机并入系统。

四、开井后产品气总硫含量超标致放空

（一）故障描述

某日，某厂于 17:36，接调度通知，气田上游将新开支线井（配产 $10×10^4$m³/h，COS 含量超过 86mg/m³，MeSH 含量超过 256mg/m³），此时净化装置原料气处理量较高。

随着支线井气进入净化装置，净化装置系列 1MeSH 于 20：21，超仪表 114mg/m³量程，COS 于 20：37 超仪表 114mg/m³量程；净化装置系列 2MeSH 于 20：21 超仪表 114mg/m³量程，COS 于 20：40 超仪表 114mg/m³量程。

经关闭新开的支线井，并降量和放空处理后，21：57，净化装置系列 1 和系列 2 恢复正常，23：30，上游再次提量，第二日 0：20，净化装置系列 1 和系列 2 的 COS、MeSH 含量再次超过正常值，经降量和放空处理后，0：48 恢复正常。

（二）原因分析

（1）由取样分析系统可知，在新开支线井（配产 10×10⁴m³/h，COS 含量超过 86mg/m³，MeSH 含量超过 256mg/m³）前，进入净化装置的原料气 COS 含量：82mg/m³，MeSH 含量：19.6mg/m³，净化装置系列 1 和系列 2 生产负荷较大，新开支线井后，进入净化装置原料气 MeSH、COS 含量升高，超过净化装置处理能力，导致净化装置系列 1 和系列 2 的 MeSH、COS 含量升高，经测算会引起产品气总管网总硫含量升高超过 50mg/m³，因此净化装置系列 1 和系列 2 于 20：19～21：57 关闭产品气出口阀门，进行火炬放空。

20：35，关闭新开的支线井，并降量 150×10⁴m³/d，移除高含硫原料气，使得净化装置产品气总硫含量合格。

（2）21：57，净化装置恢复正常，23：30，上游提量，支线井管路剩余高含硫原料气被带至净化装置，导致净化装置系列 1 和系列 2 的产品气 MeSH、COS 含量再次升高，经测算会引起产品气总管网总硫含量升高超过 50mg/m³，因此净化装置系列 1 和系列 2 于第二日 0：20～0：48 关闭产品气出口阀门，进行火炬放空。

而后，上游内部调配，在保证原料气总量前提下，对高含硫支线上的所有井，移除高含硫原料气，使得净化装置产品气总硫合格。

（三）故障处置

20：08，管网总硫含量超过 50mg/m³，在此过程中，为避免外输产品气总硫含量超过 50mg/m³，维持硫黄尾气单元平稳运行，经调度同意后，对净化装置进行产品气放空，并关闭净化装置产品气外输阀门。在调度协调下，气田上游于 20：35 降量 150×10⁴m³/d。

净化装置产品气于 21：57 全部并入系统，放空阀完全关闭，管网总硫含量合格，净化装置恢复正常。

23:30，气田上游提量 $45\times10^4m^3/d$；23:55，净化装置 MeSH、COS 含量迅速上涨，经计算可知，此时管网总硫含量超过 $50mg/m^3$。在此过程中，为避免外输产品气总硫含量超过 $50mg/m^3$，维持硫黄尾气单元平稳运行，经调度同意后，对净化装置进行产品气放空，并关闭净化装置产品气外输阀门。

至 0:48，各净化装置总硫含量及原料气量经计算管网总硫含量合格，结束放空，恢复正常。

净化装置两次放空总计 $24.85\times10^4m^3$。

（四）经验教训

（1）在管网总硫含量控制在 $50mg/m^3$ 以下，负荷较高（大于 $900\times10^4m^3/d$）情况下，原料气提量时，须汇报车间领导，得到同意后方可提量，并做好总硫含量升高的心里准备。

（2）在净化装置出现单列或某几列总硫含量超过 $50mg/m^3$ 时，预先判断是否会造成管网总硫含量超过 $50mg/m^3$，并立即汇报值班人员及相关车间领导。

（3）当预判管网总硫含量超过 $50mg/m^3$，或已经超过 $50mg/m^3$ 时，对相应总硫含量超高净化装置进行产品气放空操作，其放空原则为：只放总硫含量超标净化装置产品气，保持其他净化装置正常运行，通过原料气降量等方式确保不出现全部净化装置放空情况，确保某厂自用燃料气量。

五、气田上游阀室阀门异常关断致原料气量异常

（一）故障描述

某日，某厂于 13:37，净化装置总处理量突然大幅降低，原料气压力由 5.4MPa 降低至 5.09MPa，造成净化装置负荷剧烈波动。

（二）原因分析

气田上游二号阀室阀门突然关断，导致原料气流量从 $637\times10^4m^3/d$ 迅速下降至 $418\times10^4m^3/d$，下降幅度达原有原料气量的 30%，导致原料气压力快速下降，净化装置负荷大幅度降低。关断前后，各净化装置原料气量变化如图1-15所示。

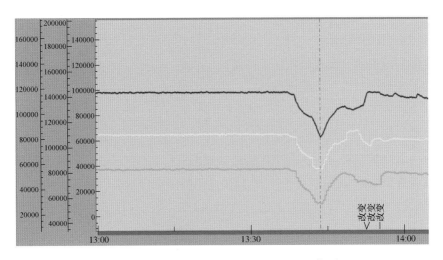

图 1-15　各净化装置原料气量变化 DCS 截图

（三）故障处置

内操人员关小脱水出口阀，保障系统压力不低于 5.0MPa，确保平稳生产；13：43，气田上游逐步恢复产量；13：49，原料气量恢复至 $600×10^4m^3/d$，装置恢复正常生产。

（四）经验教训

（1）发生原料气关断事件，第一时间汇报调度，查明原料气关断总量。净化装置根据降量情况合理分配负荷，保证装置正常运行。单列装置允许最低原料气处理量为 $30000m^3/h$（极限量为 $25000m^3/h$）。

（2）原料气量大幅度下降时，若某列装置负荷低于 $70000Nm^3/h$ 且使用汽驱克劳斯风机，班组应汇报车间值班人员，内操人员汇报并经电力调度同意后，启动电驱克劳斯风机，与外操人员配合将电驱克劳斯风机紧急启动并完成切换工作，防止蒸汽波动造成汽驱跳车导致停炉。

（3）原料气量发生大幅度降低后，酸性气量会在 15~20min 后快速下降，内操人员应注意调整克劳斯炉配风，防止配风不合适导致克劳斯反应器/加氢反应器床层超温、尾炉烟气参数超标；过程气量减少将导致尾炉温度快速升高，内操人员应注意调节尾炉配风，适当降低燃料气量，控制尾炉炉膛温度不超过 650℃，防止过热段超温。

（4）原料气量发生大幅度降低后，在 0.5h 内不能恢复至足以维持几列净化装置同时运行的极限量时，应考虑将其中一列或两列装置原料气切出，硫黄单元切换至燃料气模式，装置进入停工热备。

（5）原料气量发生大幅度降低后，内操人员应关注系统内部压力，维持系统内部压力在 5.1~5.5MPa。同时，关注产品气压力，汇报调度，协调首站增压机调整负荷，防止产品气压力过低。

（6）若降量幅度过大，有净化装置处理量低于 $3\times10^4m^3/h$，内操人员应做好原料气量降低 20~30min 后，酸性气量快速下降的心理准备。根据酸性气压力调整进炉酸性气量，二区酸性气量低于 1500Nm³/h 时，应联系外操人员将克劳斯炉二区西侧球阀关闭，并投用 100~200m³/h 的保护氮气。

（7）装置降量后，内操人员关注蒸汽管网压力。长时间降量时，相应调整胺液重沸器蒸汽流量。

六、增压站跳车致原料气波动

（一）故障描述

某日，某厂于 21:51，产品气出口总管网的增压站 A 机跳车，产品气在增压站进行火炬放空，导致净化装置原料气量波动，脱硫脱水系统压力波动。

（二）原因分析

增压站的增压机跳车后，会引起增压站高压火炬放空，导致净化装置系统压力迅速降低，使得原料气进净化装置的前、后压差迅速变大，原料气进入净化装置的流速变快，原料气流量迅速上升。

（三）故障处置

在此情况下，内操人员通过产品气出装置调节阀来维持系统压力，确保原料气进净化装置的前、后压差在正常范围内；当增压站停止放空而增压机未启动时，装置脱硫、脱水压力会上升，当压力超过 5.75MPa 时，内操人员联系调度，要求增压站再次放空泄压，防止设备超压。

22:27，增压站 A 机重启成功，装置恢复正常生产。

（四）经验教训

若遇到增压站的增压机长时间不能启动时，应通过降低原料气流量、减少放空量进行处理。

考虑到原料气量降低导致装置负荷降低的问题，在用汽驱克劳斯风机的净化装置应将电驱克劳斯风机启动并机加载，必要时进行切换，风机切换时，应注意风机的喘振报警是否报警，如果报警，内操人员需要将另一台风机加载至 150kPa 备用，然后在 SIS 上点击风机的防喘振复位。

七、增压站阀门异常关闭导致系统憋压

（一）故障描述

某日，某厂于 4:30，内操人员发现某净化装置原料气量由 76000m³/h 快速下降至 40000m³/h，产品气压力由 5.56MPa 快速上涨至 5.69MPa，同时净化装置内操人员发现原料气量由 80000m³/h 快速下降至 38000m³/h，产品气压力由 5.56MPa 快速上涨至 5.70MPa。

（二）原因分析

产品气总管网出口增压站流程堵塞导致产品气憋压，净化装置内会显示原料气量快速下降，原料气和产品气压力快速上升。

（三）故障处置

当产品气压力异常升高后，为了保证正常平稳生产，净化装置进行产品气火炬放空，待增压站流程恢复正常后，净化装置停止放空，于 5:10 恢复正常。

（四）经验教训

（1）增压站流程堵塞后，通过放空确保生产平稳，放空后产品气压力下降，此时原料气压力较高，导致原料气量快速上升，故产品气放空阀位开度须以确保原料气、产品气流量及压力稳定为主，以流量波动不大于 10000m³/h 为宜。

（2）增压站流程恢复后，净化装置应该逐步关小放空阀，确保净化装置流程畅通后，再完全关闭放空阀。

（3）放空阀关闭后，在阀门开关过程中，每次阀位开关不超过 2%，以便寻找原料气量平衡点(即原料气上升和下降的临界点),待找到平衡点后,以不超过0.5%阀位动作,最终恢复增压站流程堵塞之前的状态(流量和压力)。

八、凝结水管网杂质堵塞尾气吸收塔泵过滤器

(一)故障描述

某日,某厂10:00~11:00,净化装置系列1的尾气吸收塔底泵的在运泵A和切换入净化装置的备用泵B,先后出现压力迅速下降,流量降低无法满足生产需求的情况。

(二)原因分析

1. 凝结水系统杂质进入装置

净化装置系列1刚完成45天停工检修,凝结水系统长期未投用而集聚了大量杂质,该列装置于9:00开始对装置补充凝结水,杂质与凝结水一同进入净化装置,引发尾气吸收塔底泵过滤器堵塞,使尾气吸收塔底泵出口压力降低,流量下降,难以满足生产需求。

2. 尾气吸收塔底泵B快速堵塞原因

由于现场管道的布置,导致尾气吸收塔底泵B在备用情况下总有一部分杂质会沉积在入口处,导致B泵启动后过滤器迅速被堵塞。

(三)故障处置

尾气吸收塔底泵无法满足生产时,该列净化装置原料气量由$9.9\times10^4 m^3/h$下降至$6.5\times10^4 m^3/h$。12:15,重启尾气吸收塔底泵B,将尾气吸收塔底泵A切出系统并清洗过滤网;12:27,压力再次下降至6.79MPa;13:28,重启尾气吸收塔底泵A,压力升至7.45MPa;15:25,净化装置原料气进气量提升至$9.5\times10^4 m^3/h$,整套装置恢复正常生产。

(四)经验教训

(1)净化装置检修结束后,系统内部杂质较多,在使用长期未投用的管网前,应对公用介质管网进行吹扫,确认管网内部情况,在确认无异常后再进行液体输送。

(2)对于尾气吸收塔底泵进行灌泵排气时,严格按照操作程序,确保进出口

阀门关闭的前提下，必须通过除盐水进行灌泵，高点密排管线排气，待地罐液位上涨1%以上时，方可停止用除盐水灌泵。

（3）由于现场管道布置原因，建议将尾气吸收塔底泵B作为运行泵，尾气吸收塔底泵A作为备用泵。

（4）当尾气吸收塔底泵A/B出现问题，无法满足当前负荷生产时，第一时间通知生产调度，在获得同意后，采取降量或者放空的方式，确保装置其他单元稳定运行。

九、阀门堵塞致克劳斯炉汽包液位低低联锁停炉

（一）故障描述

某日，某厂净化装置3列克劳斯炉汽包液位为自动串级控制，汽包上水量保持在12300kg/h。18：14，上水量突然降低至8000kg/h，阀位逐渐增加；18：28，克劳斯炉汽包上水阀位开度增至100%，但上水量只有3000kg/h左右，克劳斯炉汽包液位降至17.5%，克劳斯炉汽包液位低低联锁触发克劳斯炉停炉。

（二）原因分析

经拆解上水阀，确认杂质堵塞阀门，导致上水量不足，引起克劳斯炉液位低低联锁。

3列净化装置刚经过40多天停工检修，在装置开工初期，管线内存在未吹扫冲洗排尽的杂质，会对阀门及机泵造成堵塞。

上水阀门堵塞导致克劳斯炉汽包上水量不足，致使克劳斯炉汽包液位降低，最终触发低低液位联锁停炉。

（三）故障处置

内操人员手动关闭克劳斯炉汽包高压蒸汽出口阀门，外操人员至现场投用高压汽包水上水阀副线给克劳斯炉汽包上液，同时切出上水阀进行拆卸维修。18：58，克劳斯炉汽包液位上至48%；19：00，内操人员热启动克劳斯炉成功。

克劳斯炉停车后，为避免加氢炉超温，18：35，内操人员手动拍停加氢炉；19：09，重点加氢炉；19：26，克劳斯尾气重新并入加氢流程，装置恢复正常生产。

装置恢复正常生产后，内操人员复位液硫池鼓泡空气阀，正常投用鼓泡空气流程。

（四）经验教训

（1）新开工装置管线系统较脏，内操人员应加强 DCS 画面查看，防止因阀门堵塞造成满罐或者空罐，触发放空、停炉。

（2）外操人员应加强机泵等设备的巡检，发现异常应快速切换机泵，同时清洗过滤器。

（3）若发生阀门堵塞，外操人员应迅速至现场投用调节阀副线，并配合内操人员控制好流量，同时联系相应维保人员对堵塞的调节阀进行下线清理杂物。

（4）装置恢复正常后，内操人员应查看 DCS 上阀门是否恢复至正常状态。

十、蒸汽供应异常致放空

（一）故障描述

某日，某厂于 10:41，某净化装置界区高压蒸汽压力低报警，装置界区高压蒸汽及中压蒸汽压力低报警，产品气 H_2S 含量超标，关闭产品气外输阀门，进行产品气放空，同时燃料气管网二级减压阀压力高高报警。

（二）原因分析

事件直接原因：公用工程 B、C 炉突然停炉，导致蒸汽量不足，同时燃料气使用量迅速降低，导致燃料气管网压力报警。

单套装置在 $10 \times 10^4 m^3/h$ 处理量下，所需蒸汽量约为 46t/h，自产蒸汽量约 25t/h。所需外部供应蒸汽量为：46t/h-25t/h=21t/h。装置蒸汽缺口 80t/h。

10:40，公用工程 B、C 三台炉子停炉，向净化装置供应的高、中压蒸汽中止（B 炉中压蒸汽流量从 62t 降低至 0，C 炉高压蒸汽流量从 39t 降低至 0），造成净化装置胺液再生蒸汽量不足，胺液再生不合格，导致产品气 H_2S 超标放空。

（三）故障处置

因蒸汽量不能满足净化装置正常运行，车间决定对其 1 列净化装置进行紧急停工处理，确保其他列净化装置运行，并联系调度通知气田上游降量。

（四）经验教训

（1）净化装置自产蒸汽无法满足装置运行。蒸汽量不足时，计算能保障正常运行的装置数量，其余的装置按紧急停工处理。

（2）装置波动时，专人负责克劳斯配风操作，如酸性气量大幅度波动时，及时调整配风，保持比值稳定，防止配风过多造成加氢系统 SO_2 穿透，或配风过少造成尾炉飞温事故。

（3）装置波动时，关注尾气单元急冷塔 pH 值，若急冷塔 pH 值下降至 6 以下，内操人员应立即拍停加氢炉，防止硫黄单元 SO_2 和 S 进入尾气单元，而引起次生事故。

注意：急冷塔 pH 值下降，立即进行现场注氨操作。

（4）高负荷运行状态下，由于蒸汽量不足导致净化装置再生不合格，并已进行产品气放空时，为加快胺液再生，应立即拍停加氢炉，并手动降低原料气处理量。

（5）目前，燃料气管网的压力正常控制在 0.45MPa，燃料气管网压力异常时，通过燃料气一级减压阀（控制范围 3.5～3.6MPa）和燃料气二级减压阀（控制范围 0.4～0.5MPa）控制。

十一、中压蒸汽关断致净化装置放空

（一）故障描述

某日，某厂 4 列净化装置高负荷平稳运行。10：37，公用工程中压蒸汽异常关断，中压蒸汽管网压力由 1.0MPa 掉至 0.35MPa，导致中压蒸汽不足以同时满足 4 列净化装置胺液再生需求，造成产品气 H_2S 含量超标，引起产品气放空。

（二）原因分析

1. 中压蒸汽界区压力异常降低

此次系统中压蒸汽异常降低，经确认为公用工程中压蒸汽系统异常关断所致。

2. 净化装置湿净化气放空

为降低高负荷运行装置生产波动，出现本次中压蒸汽异常关断事件后，车间通过降低净化装置系列 1 蒸汽量并将原料气逐步转移至其他 3 列净化装置的方式，确保净化装置系列 2、系列 3 和系列 4 平稳运行。由于蒸汽量降低后，净化装置系列 4 胺液再生不合格，H_2S 超标，进行湿净化气放空。

（三）故障处置

中压蒸汽压力异常降低后，车间通过降低净化装置系列 1 蒸汽量并将原料气逐步转移至其他 3 列净化装置的方式，确保净化装置系列 2、系列 3 和系列 4 平稳运行。11:58，公用工程中压蒸汽压力恢复正常，净化装置生产恢复。

（四）经验教训

1.0MPa 蒸汽量不能满足 4 列装置运行时，应急处置步骤如下：

（1）立即汇报调度和车间值班干部，协调人员进行操作指导。

（2）优先选择 1 列净化装置降低胺液重沸器蒸汽量并立即启动电驱克劳斯风机，进行加载切入系统；同时，汽驱克劳斯风机卸载手动停机。

（3）选择另一列装置启动电驱克劳斯风机备用，通过该列装置调整原料气负荷。

（4）调整蒸汽负荷，降蒸汽装置胺液重沸器蒸汽使用量在 20min 内要降至10t/h 以下，该装置高压蒸汽保持开度 5%，其他蒸汽量全部外输，保证其他 3 列装置蒸汽用量及平衡。

（5）对降蒸汽装置要注意脱硫再沸器凝结水罐液位控制，如不能控制则改为就地放空，禁止满罐操作。

（6）对降蒸汽装置要高度重视克劳斯配风操作，如酸性气量下降较多（包括处理量大幅度下降、再生蒸汽负荷不足等），应及时调整配风，保持比值稳定。

注意：如主风调节阀 FV-30403 卡涩不能动作，内操人员立即拍停加氢炉。二区酸性气量不能维持 1500m³/h 时，应及时关闭二区进料球阀，投用保护氮气。

（7）对降蒸汽装置要高度重视尾气单元急冷塔 pH 值，若风过量超过2000m³/h，时间超过 10min 无法调整到位或观察到急冷塔 pH 值下降至 6 以下，内操人员应立即拍停加氢炉，防止硫黄单元 SO_2 过量进入尾气单元，SO_2 穿透至急冷塔而引起次生故障。

注意：高度关注硫黄单元克劳斯炉配风和急冷塔 pH 值。急冷塔 pH 值下降，立即进行现场注氨操作。

（8）如蒸汽负荷进一步降低，则可再选择 1 列装置进行胺液重沸器蒸汽降量操作。

注意：在装置蒸汽负荷不能满足生产时，车间采取舍一保三或舍二保二原则，杜绝多净化装置出现蒸汽供应不足，导致装置再生不合格放空。

（9）当湿净化气 H_2S 含量超过 $6mg/m^3$ 时，立即关闭 XV-10504（脱硫至脱水切断阀），湿净化气改放空，关闭 XV-20703（脱水出装置切断阀）。

（10）降蒸汽负荷装置降量，只允许将负荷转至其他装置，不允许降总处理量。

注意：在蒸汽未恢复供应的前提下，禁止进行上游关井操作（负荷越低，产生的蒸汽越少）。

蒸汽恢复供应后，恢复生产操作步骤如下：

（1）降蒸汽负荷装置降量至 $40000×10^4m^3/h$，进行胺液再生操作。

（2）胺液重沸器蒸汽作用量提至 50t/h。

（3）联系在线仪表人员及时校正分析表，确保在线仪表数值准确。

（4）酸性气量在恢复的同时，及时投用二区酸性气流程，停保护氮气。

（5）视硫黄单元操作，投用加氢单元。

急冷塔 pH 值低于 5 时，操作步骤如下：

（1）立即检查、注意管线和现场注氨流程，确保氨正常加入。

（2）准备尾气吸收塔底泵过滤网 2 套，对尾气吸收塔底泵进行清过滤网操作。

（3）如急冷水用 H_2S 报警仪检测无报警，则可不进行退液，直接排液清过滤器，以确保缩短清理时间。

注意：如急冷水检测 H_2S 报警，必须进行退液操作，禁止就地排放。

（4）加强急冷水水冷器过滤器清洗，对过滤网损坏的，要及时更换。

注意：白天可提前领取 1 个急冷水水冷器过滤器。

（5）开除盐水，补充量控制在 1t/h，对急冷水进行置换。

（6）加样分析出装置酸水，水质不达标，立即将酸水出装置流程改至污水提升池，水质合格后恢复正常流程。

（7）联系调度分析污水提升池水样，视结果安排供水单位及时调整中和，合格后排液。

注意：如遇酸性气量大幅波动，不能正常调整主风，引起克劳斯炉过氧时，视情况及时切除加氢单元，杜绝 SO_2 大量进入急冷塔。

第二章　公用工程系统常见故障判断与处理

公用工程系统包括空分空压站、动力站、净化水场、水处理及凝结水站、循环水场、污水处理场等设施，主要为全厂提供蒸汽、氮气、仪表风、锅炉水、循环水、除盐水、消防水等一系列公用介质，其生产运行的平稳与否，对整个天然气净化厂影响巨大。

本章主要对高含硫气田公用工程系统常见故障的现象、原因和处理措施进行详细分析和描述，案例主要以故障发生的原因进行分类，包含操作原因、设备原因、外部环境原因、电气原因、仪表原因五大类的 22 例典型故障，为同类公用工程系统相似故障的判断与处理提供借鉴。

第一节　操作原因

一、动力站高压燃气锅炉 1# 燃烧器误操作熄火

（一）故障描述

某日，某厂动力站中压燃气锅炉 A 停运，中压燃气锅炉 B 及高压燃气锅炉运行，中压燃气锅炉 B 产生中压蒸汽，蒸汽压力 1.02MPa，蒸汽负荷 54t/h，高压燃气锅炉产生高压蒸汽，蒸汽压力 3.71MPa，蒸汽负荷 38t/h，减温减压器用于高压蒸汽转换为中压蒸汽，其负荷为 25t/h，除氧器使用约 20t/h 中压蒸汽。当班内操人员在执行关闭中压燃气锅炉 A 鼓风机 A 出口挡板操作指令时，误将高压燃气锅炉引风机 A 出口挡板关闭，虽及时纠正，但仍导致高压燃气锅炉炉膛负压波动剧烈，高压燃气锅炉 1# 燃烧器熄灭，其蒸汽出口压力在 5min 内由 3.71MPa 迅速下降至 3.13MPa，同时中压蒸汽压力由 1.02MPa 迅速下降至 0.92MPa，事件发生时，操作间内仅一名内操人员在岗监盘，其余班组人员皆在现场监护和巡检。

（二）事件分析

此次事件发生的直接原因为当班内操人员操作失误，导致高压燃气锅炉 1#燃烧器熄火，事件发生时，内操岗人手不足，且当班班长得知高压燃气锅炉 1#燃烧器熄火后，没有及时返回操作间内指挥应急处置，导致应急处置的及时性不够，同时在整个应急处置过程中，没有对除氧器的蒸汽使用进行降量或完全切断的操作，应急处置的有效性不足，进一步扩大了此次事件的影响范围。

（三）故障处置

（1）迅速打开误关闭的高压燃气锅炉引风机 A 出口挡板，配合调整引风机 A 及高压燃气锅炉鼓风机入口调节阀开度，稳定炉膛负压。

（2）立即增加高压燃气锅炉 2#、3#、4#燃烧器负荷，同时将减温减压器入口调节阀开度由 24%减小至 22%。

（3）开大中压燃气锅炉 B 鼓风机入口调节阀，配合增加其燃料气量，迅速提升该锅炉负荷。

（3）复位高压燃气锅炉 1#燃烧器，并重新点火。

（四）经验教训

（1）应规范班组内操、外操指令配合程序，提升双方通话时的严肃性和规范性，要求双方使用普通话进行指令的复述和确认，复述和确认的次数至少在 2 次以上。

（2）应限定动力站单元操作间内操人员在岗人数，要求无论何种情况，操作间内必须至少有 2 名内操人员在岗。

（3）大班长及技术员在完成事件报告后，及时组织此次事件应急处置过程点评，明确处置过程中应优先切断除氧器蒸汽，当班班组应根据此次事件进行班组级桌面应急演练，进一步提高该班组应急处置能力。

二、动力站中压燃气锅炉 B 安全阀起跳

（一）故障描述

某日，某厂动力站中压燃气锅炉 B 点炉后进行升温升压操作，其 1#、2#燃烧器长明灯运行，汽包压力 0.01MPa，集汽集箱出口压力 0.0435MPa。在升温升压

1h 后，汽包及集汽集箱出口压力仍无明显变化，班长在没前往现场核实对照汽包就地压力表显示数值的情况下，下令内操人员开启 1#燃烧器主火，导致汽包压力快速上升，造成该锅炉集汽集箱安全阀起跳。

在安全阀起跳后，当班内操人员连续两次开大生火放空阀阀位至 27%、52% 泄压，造成 B 炉液位迅速下降至 20%。压力变化趋势如图 2-1 所示。

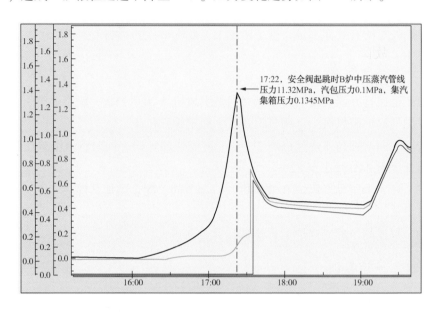

图 2-1　中压燃气锅炉 B 集汽集箱安全阀起跳前、后压力变化趋势图
——中压蒸汽管线远传压力表变化趋势；——汽包远传压力表变化趋势；
——集汽集箱远传压力表变化趋势

（二）原因分析

（1）汽包与集汽集箱远传压力表引压管根部阀未开，导致远传压力数值显示有误，造成内操人员误判。

（2）当班班长在发现汽包与集汽集箱远传压力数值异常后，并未前往现场核对就地压力表数值，盲目下达指令加强锅炉燃烧，造成升压速度过快。

（3）当班内操人员盲目听从班长下达指令，未拒绝班长违章指挥，按错误指令进行操作，导致安全阀起跳；且在安全阀起跳后，未首先减弱燃烧，加强上水，而是盲目开大生火放空泄压阀，致使汽包液位下降至危险液位。

（4）相关人员未到现场组织点炉条件确认，留下安全阀起跳的隐患。

（5）班组成员缺乏责任心，巡检人员未仔细观察汽包就地压力表，未与内操人员核对远传压力表数值。班组成员在获悉集汽集箱压力表数值异常后，也未及时提醒班长前往现场查看。最终，当班班长下达错误指令，导致安全阀起跳。

（6）车间管理存在漏洞，当日车间值班人员未按照《公用工程车间启停炉指导书》，到现场监督中压燃气锅炉 B 点炉工作。

（三）故障处置

（1）开大生火放空阀阀位进行泄压。
（2）关闭中压燃气锅炉 B 1#燃烧器主火，降低负荷。
（3）开大中压燃气锅炉 B 给水调节阀，加强上水，维持液位平衡。

（四）经验教训

（1）车间应针对锅炉制定启炉、停炉操作票与开工、停工条件确认表，规范启炉、停炉操作程序，明确各岗位人员关于锅炉开工、停工条件确认职责，将锅炉启、停操作列为车间重大操作，操作前须技术人员、大班长到场监督。

（2）车间应组织编写并审定"锅炉安全阀起跳"异常处置操作步骤，明确班组内成员相关职责，并纳入岗前培训内容，加强班组学习。

三、动力站中压燃气锅炉 B 停炉与高压燃气锅炉 3#燃烧器熄火

（一）故障描述

某日，某厂动力站中压燃气锅炉 B 运行，负荷 50t/h，集汽集箱出口压力 1.03MPa；高压燃气锅炉运行，负荷 40t/h，集汽集箱出口压力 3.72MPa。当班内操人员在中压燃气锅炉 A 停炉后，对该锅炉燃料气管线进行氮气置换操作，在未确认中压燃气锅炉 A 燃料气前手阀完全关闭的情况下，直接开启氮气手阀引氮气置换中压燃气锅炉 A 燃料气，先后导致中压燃气锅炉 B 1#、2#燃烧器熄火，该锅炉中压蒸汽供应完全中断，集汽集箱出口压力迅速降至 0.38MPa，高压燃气锅炉 3#燃烧器熄火，集汽集箱出口压力降至 3.58MPa。

在恢复高压燃气锅炉 3#燃烧器点火的过程中，因其他燃烧器火焰信号干扰，导致 3#燃烧器火检在该燃烧器未点火情况下仍检测到火焰信号，造成该燃

烧器无法复位，且到场的仪表专业人员对燃烧管理操作系统不熟悉，最终导致熄火事件发生 1h 后才完成中压燃气锅炉 B 及高压燃气锅炉燃烧器的恢复(图 2-2~图 2-6)。

图 2-2　现场中压燃气锅炉 A 氮气手阀和燃料气前手阀

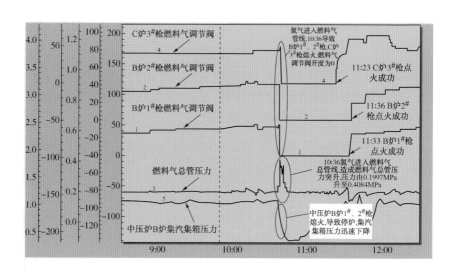

图 2-3　熄火时燃料气压力及中压燃气锅炉 B 压力趋势图

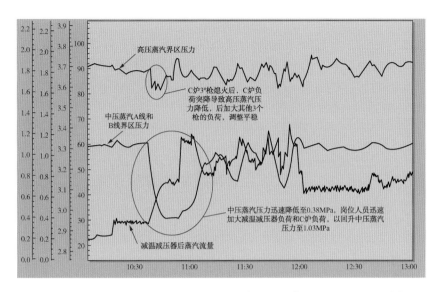

图 2-4 中压燃气锅炉 B 熄火时减温减压器负荷及中高压蒸汽界区压力趋势图

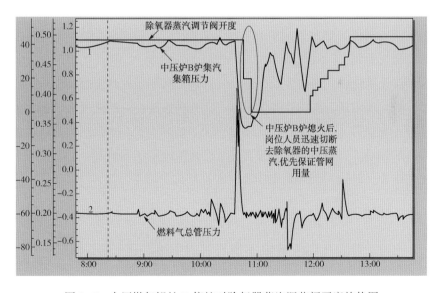

图 2-5 中压燃气锅炉 B 停炉时除氧器蒸汽调节阀开度趋势图

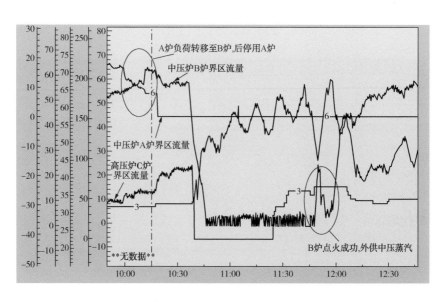

图 2-6　中压燃气锅炉 B 及高压燃气锅炉负荷趋势图

（二）原因分析

（1）未确认中压燃气锅炉 A 燃料气前手阀关闭到位。燃料气管线置换前，未确认中压燃气锅炉 A 燃料气前手阀是否关闭到位，在该手阀尚有一定开度的情况下，开启氮气手阀，因氮气压力(0.67MPa)高于燃料气压力(0.2MPa)，氮气迅速窜入燃料气系统中，最终导致中压燃气锅炉 B 停炉，C 炉 3#燃烧器熄火。

（2）部分现场仪表人员业务不熟，耽搁处理进度。高压燃气锅炉因其他燃烧器火焰对 3#燃烧器火检信号干扰而多次点火未成功时，当班值班人员联系现场仪表维修人员到场，到场的仪表维修人员对燃烧管理系统不熟悉，且要求先开作业票证才能作业，导致 3#燃烧器未能及时恢复点火。

（三）故障处置

（1）迅速关闭中压燃气锅炉 A 燃料气前手阀，阻止氮气继续窜入燃料气系统。

（2）提升高压燃气锅炉 1#、2#、4#燃烧器负荷，保障高压蒸汽压力。

（3）全关中压蒸汽去除氧器调节阀，切断除氧器中压蒸汽供应，提升减温减压器负荷，减缓中压蒸汽管网压力下降趋势。

（4）开启中压燃气锅炉 B 燃烧器放空阀小流量放空，排出 B 炉燃气管线内残余氮气。

（5）重启中压燃气锅炉 B 1#、2#燃烧器，升温升压。

（6）手动旁路高压燃气锅炉 3#燃烧器火检，消除火焰干扰，待点火成功后，又迅速恢复其火检，并点燃 3#燃烧器主火，恢复运行。

（四）经验教训

（1）对于停炉等重大操作，值班及技术人员应到现场进行监督管理，杜绝误操作等此类事件发生。

（2）车间须针对"氮气置换及引燃料气"进行专项操作规程的编制与审定，配以现场图片及 PID 流程图。要求班组针对氮气置换及引燃料气操作进行操作前的班长操作交底，明确班组内人员分工和操作前置条件的确认。

（3）针对燃烧管理系统，要求仪表专业管理人员对仪表专业保运人员进行专项技术业务水平考核，未通过考核的人员不允许上岗参与保运工作。

四、动力站中压燃气锅炉 B 及高压燃气锅炉同时熄火

（一）故障描述

某日，某厂动力站中压燃气锅炉 B 及高压燃气锅炉运行，中压燃气锅炉 B 负荷 65t/h，高压燃气锅炉负荷 42t/h，当班班组接到中压燃气锅炉 A 点炉前流程确认指令，进行启炉前流程确认，在进行中压燃气锅炉 A 调节阀阀位调试确认时，当班内操人员误将中压燃气锅炉 A 燃气速断阀阀位听成界区燃气主线调节阀阀位，随即远程关闭界区燃气主线调节阀，同时也将界区燃气副线调节阀关闭，导致动力站锅炉燃气供应中断，造成在运锅炉停炉，中压、高压蒸汽供汽中断。

（二）原因分析

（1）导致本次事件的直接原因为，内操、外操人员沟通不到位，内操人员听错阀门位号，误将界区燃料气总阀关断，造成在运锅炉停炉。

（2）内操人员对工艺流程不熟，对于操作员站监控及操作界面关键阀门掌握不够，即便听错，也应该立即意识到不可能关掉整个动力站燃料气供应的总调节阀。

（3）现场人员与内操人员沟通不到位，对于需要动作的设备与仪表位号，双方都应再三强调，且回应要及时。

（4）操作员站操作界面不够明了，每台锅炉的操作画面都有燃料气总调节阀组，包括燃气系统界面共有 4 个画面可以对该阀组进行调节，但在实际使用中，几乎不需要对其进行操作，在燃料气总调节阀组主线为手动、副线为自动的情况下，完全能够满足日常需要。反而每台锅炉燃料气管线各自的总速断阀只在燃气系统界面显示开关状态，在画面上会对操作人员造成误解，误将燃料气总调节阀组当成锅炉各自的总阀进行记忆。

（三）故障处置

（1）立即开启界区燃气主线调节阀与副线调节阀，并调整燃气压力至 0.2MPa 后，将副线调节阀投自动。

（2）摘除中压燃气锅炉 B 及高压燃气锅炉所有联锁，分别对中压燃气锅炉 B 及高压燃气锅炉的燃烧管理系统及其对应燃烧器进行总复位，并做点炉前的条件确认。

（3）高压燃气锅炉点火成功，迅速升温升压，10min 后，高压管网压力升至 3.6MPa。在其升温升压过程中，同时做中压燃气锅炉 B 点炉准备。

（4）通过减温减压器将高压蒸汽转至中压蒸汽送出站内，减缓中压管网压力下降趋势。

（5）重启中压燃气锅炉 B，升温升压，恢复中压蒸汽管网压力。

（四）经验教训

（1）对于动力站启炉、停炉等重大操作，除两名内操人员外，大班长或技术员必须至少保证有一人在操作室内进行监督管理，对于误听、误点等误操作要及时纠正处理。避免同类事件再次发生。

（2）车间须明确并规范对讲机沟通规则，对于需要动作的设备、仪表与调节阀门等相关位号，须使用普通话并复述两次以上，得到回复确认后才允许动作。

（3）对于单台锅炉操作界面中的总燃料气调节阀组提升操作权限(须高于操作员权限)或设置操作保护确认(要求点击该阀门时显示确认框)，杜绝误操作带来的生产安全隐患。

五、动力站中压燃气锅炉 B 2# 燃烧器熄火

（一）故障描述

某日，某厂动力站中压燃气锅炉 B、高压燃气锅炉同时运行，中压燃气锅炉 B 负荷 30t/h，高压燃气锅炉负荷 43t/h。19：05，当班班组内操人员在对中压燃气锅炉 B 2# 燃烧器燃料气进气量进行调整操作时，在降低 2# 燃烧器燃料气进气量后，未及时调整风压与风门开度，导致火焰燃烧不稳定，触发该燃烧器火检信号无联锁，造成 2# 燃烧器异常熄火，其集汽集箱压力由 1.1MPa 迅速降至 1.0MPa（图 2-7）。

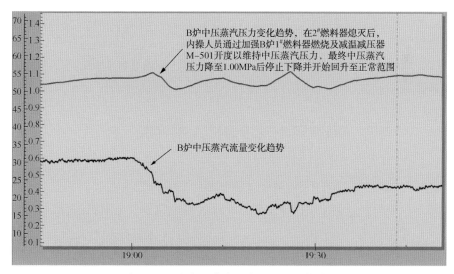

图 2-7　B 炉中压蒸汽压力及流量变化趋势

（二）原因分析

（1）当班班组成员基础业务技能不熟练，未按照操作规程进行操作，对锅炉燃烧调整后，未及时进行空气配比优化，导致火焰燃烧不稳定，引起火检信号无联锁。

（2）火焰信号检测装置抗干扰能力弱，排除此次为人为因素造成的后果，如遇燃气管网压力波动或其他原因造成的火焰暂时不稳定现象，即使火焰未灭，也可能造成火检信号无联锁。

（三）故障处置

（1）调整进风量与燃料气量，迅速提高中压燃气锅炉 B 1#燃烧器负荷。

（2）提高高压燃气锅炉负荷，开大减温减压器入口调节阀，提升高压蒸汽转中压蒸汽的负荷，稳定中压蒸汽管网压力。

（3）旁路中压燃气锅炉 B 2#燃烧器火检信号，关闭 2#燃气调节阀，调小 2#燃烧器进风量，重新进行点火操作。

（4）点火成功后，调整中压燃气锅炉 B 1#、2#燃烧器负荷均衡，恢复生产。

（四）经验教训

（1）强化班组成员基础业务技能的培训学习，将锅炉燃烧调整纳入岗前培训内容，未经培训考核合格者，禁止上岗。对本次事件形成异常事件报告，向所有班组进行宣贯。

（2）调整或更换燃烧器的火焰信号检测装置，加强其抗干扰能力，防止此类事件再次发生。

六、空分空压站汽驱空气压缩机 A 误卸载

（一）故障描述

某日，某厂空分空压站汽驱空气压缩机 A 及电驱空气压缩机运行，电驱空气压缩机 C 处于热备状态，9:03，汽驱空气压缩机 A 入口导叶阀突然全关，其放空阀全开，压缩机出口压力由 7.7bar❶ 降至 0.7bar，透平驱动端和非驱动端振动升高，备用电驱空气压缩机 C 处于热备状态，检测压缩空气压力值低于其设定压力值而自启，压缩空气压力迅速回升，空分空压站供风未受影响，高压蒸汽界区流量由 23t/h 降至 11t/h，汽驱空气压缩机 A 控制面板显示"手动卸载"状态。

（二）原因分析

通过监控录像发现，9:03，动设备维护巡检人员对汽驱压缩机开展例行巡检，在通过现场汽驱控制面板查看运行参数时，误操作导致汽驱空气压缩机 A 卸载。

---

❶1bar＝10^5Pa。

（三）故障处置

（1）立即打开中压、高压蒸汽管线疏水阀，以及设备本体疏水阀。
（2）通知生产调度后，现场手动加载汽驱空压机，恢复运行。

（四）经验教训

（1）对于单元或装置区须设立操作警示区域，非本岗位操作或技术人员无岗位人员带领禁止进入，维保巡检人员进入操作区须由单元岗位人员陪同，严禁未经允许进行现场操作。
（2）对于维保人员需要进行的相关参数查询，只能通过现场工程师站进行，禁止现场操作。
（3）对于空气压缩机等特护设备现场操作按钮须设置保护罩，防止误操作。

第二节　设备原因

一、动力站鼓风机 A 入口阀定位器状态异常

（一）故障描述

某日，某厂动力站中压燃气锅炉 A 风压波动，18：01，中压燃气锅炉 A 风压开始波动，风压急剧下降至 -273.8Pa，燃烧器缺氧燃烧，18：26，风压迅速回升至 3528Pa，操作员站监控画面显示鼓风机 A（为中压燃气锅炉 A 鼓风）入口挡板开度给定值一直维持在 50%，且无变化，期间 A 炉液位迅速下降至 30%，后又迅速回升至 90%，波动剧烈。

18：41，风压再次波动，急剧下降至 -251.7Pa，后又回升至 4733.5Pa。此后，风压反复剧烈波动，最高达到 5921.3Pa，导致中压燃气锅炉 A 2#燃烧器熄火。

（二）原因分析

18：41，中压燃气锅炉 A 炉膛风压再次波动时，检查发现鼓风机 A 入口导叶现场开度波动剧烈，后确认为该阀门定位器拉杆螺丝松动，导致阀门定位不准，引起风压波动，最终造成 2#燃烧器熄火。

（三）故障处置

（1）将中压燃气锅炉 A 负荷转移至中压燃气锅炉 B，减弱中压燃气锅炉 A 燃烧，摘除其汽包液位低低联锁及风压低低联锁。

（2）18：41，启用备用鼓风机 B，停用鼓风机 A，期间维持锅炉炉膛风压平稳。

（3）待中压燃气锅炉 A 炉膛风压及汽包水位平稳后，重启中压燃气锅炉 A 2# 燃烧器。

（4）对鼓风机 A 阀门定位器拉杆螺丝重新紧固，并进行阀门行程校准。

（5）试运鼓风机 A，无问题后备用。

（四）经验教训

锅炉鼓风机运行过程中本体振动较大，鼓风机入口导叶阀门定位器与鼓风机本体相连，在运行过程中也会随之振动，阀门定位器螺丝有可能因振动而松动，车间人员应与仪表专业人员对接，要求仪表专业人员巡检过程中特别注意运行风机入口导叶阀门定位器的检查，同时在风机启机、停机操作规程中，注明要求仪表专业人员检查入口导叶阀门定位器螺丝或其他易松动部件。

二、动力站中压燃气锅炉 B 加药管线根部法兰泄漏

（一）故障描述

某日，某厂动力站中压燃气锅炉 B 运行，蒸汽负荷 50~55t/h，高压燃气锅炉运行，蒸汽负荷 35~40t/h，中压燃气锅炉 A 处于检修停用状态。1：00，中压燃气锅炉 B 汽包加药管路根部法兰出现泄漏且泄漏量巨大(图 2-8)。

图 2-8　加药管根部法兰泄漏情况

（二）原因分析

拆开根部法兰后发现，其垫片已经开裂，根部法兰前法兰面有裂痕，确认本次事件由法兰面损伤及垫片开裂造成。

（三）故障处置

（1）全关中压燃气锅炉 B 磷酸三钠加药阀，同时打开中压燃气锅炉 B 定排阀，持续置换炉水，保证炉水水质。

（2）通过减温减压器将中压燃气锅炉 B 负荷转移至高压燃气锅炉，高压燃气锅炉蒸汽负荷提升至 60~65t/h，减温减压器蒸汽负荷提升至 80~85t/h，中压燃气锅炉 B 停炉。

（3）更换加药管路根部法兰垫片并对法兰裂痕处进行打磨，打磨完成后回装，准备中压燃气锅炉 B 点炉。

（4）7:00，中压燃气锅炉 B 成功并汽，动力站恢复正常。

（四）经验教训

此次事件暴露出锅炉检修深度不足，锅炉检修重点专注于安全阀检定、炉膛内检查、内漏阀门更换及燃料气漏点处置，对与锅炉本体相连的根部法兰及垫片未进行全面检查和确认（此类法兰及垫片须停炉处理），隐患未提前发现和处置，车间须重新修订锅炉检修方案，对后续的锅炉检修应着重注意此项检查和确认。

三、空分空压站变压吸附制氮装置阀杆断裂

（一）故障描述

某日，某厂空分空压站变压吸附制氮装置 A/C 运行，10:41，变压吸附制氮装置 C 吸附塔 A 的充压压力最大值为 600kPa（正常为 710kPa），吸附塔 A 泄放再生时压力最低为 150kPa（正常为 27kPa），压缩机出口压力持续降低。同时，变压吸附制氮装置 A/C 出口流量为 0，低压液氮汽化器液氮入口调节阀自动开启，外操人员赴现场查看，发现变压吸附制氮装置 C 控制面板上吸附塔 A 进气阀 A 存在报警信息，现场检查该阀阀位动作不正常。

（二）原因分析

（1）10：35，变压吸附制氮装置 CPLC 程序应进行至吸附塔 A 工作、吸附塔 B 再生阶段，吸附塔 A 进气阀应开启，该阀开启过程中，阀杆断裂，阀门未完全开启，在充压时间一定的情况下，形成管网憋压，造成管网压力在 10：35～10：36 压力增至 7.8bar（正常为 7.4～7.55bar），空气压缩机放空阀及入口导叶阀动作，自动降低空压机负荷。

（2）10：36，程序进入吸附塔 A 再生、吸附塔 B 吸附阶段时，此时吸附塔 A 放空，其进气阀应关闭，放空阀开启，但由于阀杆断裂，进气阀无法动作，一直有一定开度，造成吸附塔 A 在放空的同时，一直有净化风进入，导致最低压力为 150kPa，高于正常泄放后的最低压力值 27kPa，且导致变压吸附制氮装置 C 放空量加大，空气压缩机满负荷，管网压力降低。

（3）根据历史趋势图可知，变压吸附制氮装置 C 处于吸附塔 A 工作时，压缩机排气压力升高，处于吸附塔 A 再生时，压缩机排气压力降低，但由于变压吸附制氮装置 C 放空量加大，压缩机排气压力整体处于降低趋势。

（4）因低压氮气管网有液氮补充，压力稳定在 0.61MPa，压缩机出口压力降低导致净化风管网压力降低至 0.64MPa，由于变压吸附制氮装置会存在压差，会导致 A 套变压吸附制氮装置出口压力低于氮气管网压力，呈现出口流量为 0 的现象。

（三）故障处置

（1）11：02，停用变压吸附制氮装置 C，调整变压吸附制氮装置 A 出口流量，防止低压氮气氧含量超标。

（2）11：35，变压吸附制氮装置 C 进气阀 A 阀杆更换完成，重新投用。

（四）经验教训

（1）车间人员应与设备供货厂商联系，对变压吸附制氮装置阀门报警应进行技术改造，要求其报警信息能够显示"故障开报警"和"故障关报警"，便于现场迅速判断原因，为应急处置争取时间。

（2）变压吸附制氮装置阀门 30s 动作 1 次，动作频次高，针对此次事件中阀杆断裂现象，应从阀杆材质、气缸缓冲及阀轴与阀板连接方式等方面进行全面分析，车间人员应与供货厂商及设计单位积极对接，推进变压吸附制氮装置阀门的整改。

四、汽驱空气压缩机透平振动超高联锁停车

（一）故障描述

某日，某厂空分空压站于17：00，汽驱空气压缩机非驱动端、驱动端振动出现高报警，且振动继续升高，驱动端 X 方向振动值迅速达到102μm，超过联锁值（91μm）跳机，如图2-9所示。

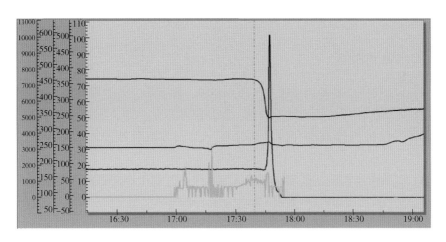

图2-9 汽轮机驱动端 X 方向振动值趋势图

汽轮机转速急剧下降，压缩机出口压力降至0.64MPa，净化风事故球罐、氮气事故球罐投用。

（二）原因分析

（1）17：40，进空分空压站高压蒸汽温度开始下降，当下降至260℃时，蒸汽带液冲击汽轮机叶轮，汽驱空压机驱动端及非驱动端振动值迅速升高。

（2）17：00，第一净化装置开始向高压蒸汽管网间断性并汽，直至17：30，开始有1.5t/h的高压蒸汽（250℃）持续并入管网，导致管网蒸汽温度下降，如图2-10所示。

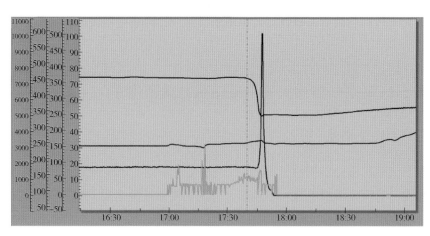

图 2-10　第一净化装置并汽流量及温度显示

（三）故障处置

（1）17：50，启动备用电驱空气压缩机 B，加载后，各管网压力恢复正常。

（2）启动汽驱压缩机的辅助油泵，保证供油正常，防止压缩机转动机构干摩擦。开大汽轮机机体疏水和界区内中压、高压蒸汽管线疏水，做好重启透平准备。

（3）联系生产调度，开启图幅蒸汽疏水手阀，提升高压蒸汽温度。

（4）22：08，启用汽驱空气压缩机 A 并加载并网。

（四）经验教训

（1）空分空压站应针对高压蒸汽进空分空压站温度设置低报警值，报警值根据工艺卡片及规程要求可设置为320℃，以便高压蒸汽温度异常降低时，能够及时提醒岗位内操人员。

（2）涉及中压、高压蒸汽图幅管网操作，车间人员应与生产调度对接，将此类操作及时通知相关岗位（如动力站及空分空压站）人员，便于岗位人员重点关注，提前发现隐患。

五、电驱空气压缩机 B 异常停机

（一）故障描述

某日，某厂空分空压站于15：00，电驱空气压缩机 B 异常停机，现场 PLC 控制面板上显示电机过载报警，当日 19：00 重启正常，因现场无故障现象，故未查出原因，7 日后 3：00，电驱空气压缩机 B 再次异常停机，现场 PLC 控制面板同样显示电机过载报警，电驱空气压缩机 C 处于热备状态自动加载供气。

（二）原因分析

现场仪表人员检查电驱空气压缩机 B 电机过载报警控制回路处于断开状态，便协调电气专业人员检查高压配电柜，电气专业人员断开 PLC 控制柜至综合保护器信号线再恢复后，电机过载报警回路仍处于断开状态；于是，电气人员再断开综合保护器至 PLC 控制柜信号线恢复后，电机过载报警回路便处于通路状态。由此，确认电驱空气压缩机 B 异常停机的原因为高压配电柜综合保护器的触点接触不良，触发 PLC 控制柜电机过载报警，压缩机停机。

（三）故障处置

(1) 启动备用电驱空气压缩机 C，根据数据储存记录查找原因。
(2) 更换高压配电柜综合保护器，重启电驱空气压缩机 B 后正常运行。

（四）经验教训

本次故障是由于高压配电柜综合保护器的触点接触不良导致空压机异常停机，车间人员应与电气专业人员对接，要求电气专业人员应在空压机备用机组停机时，对其高压配电柜进行全面检查，提前发现隐患，提前处置。

第三节　外部环境原因

一、动力站中压燃气锅炉 A 2# 燃烧器异常熄火

（一）故障描述

某日，某厂动力站操作人员在执行完高压燃气锅炉的降负荷操作后，15：39，通过监视器发现中压燃气锅炉 A 2# 燃烧器突然熄火，中压蒸汽压力迅速下降，界区燃料气压力触发高报警(压力高达 0.2605MPa)。

（二）原因分析

（1）事件发生后，调出燃烧器管理系统报警记录，发现无任何联锁报警信号，判断燃烧器熄火并不是联锁触发，发现高压燃气锅炉降负荷后，界区燃料气压力波动较大，波动幅度在 0.18~0.22MPa，判断中压燃气锅炉 A 2#燃烧器熄火是由于界区燃料气压力波动所致。

（2）高压燃气锅炉降负荷后，界区燃料气调节阀开度较小，调节阀在小负荷运行时，调节精度不高，导致燃料气压力波动大。

（3）燃料气压力波动较大时，中压燃气锅炉 A 燃烧器燃烧不稳定。

（三）故障处置

（1）对中压燃气锅炉 A 2#燃烧器进行复位。

（2）将界区主燃料气调节阀自动切手动，手动将界区燃料气主调节阀开度由15%降至10%，界区燃料气副调节阀开度由20%自动增至25%，调节界区燃料气压力至 0.2MPa 以内。

（3）增加中压燃气锅炉 A 1#燃烧器负荷，减缓中压蒸汽压力下降速度。

（4）重新点燃中压燃气锅炉 A 2#燃烧器，调整各燃烧器负荷，锅炉运行正常。

（四）经验教训

为了避免同类事故的发生，将界区燃料气主调节阀投自动，副调节阀投手动，主调节阀应保持大开度运行，副调节阀应小开度运行，保证自动调节阀能有更好的控制精度。

二、第四净化装置克劳斯炉停炉致中压蒸汽巨幅波动

（一）故障描述

某日，某厂动力站发现中压燃气锅炉 A 出口中压蒸汽压力迅速下降，中压蒸汽外供量由 41t/h 上升至 77t/h，中压蒸汽压力由 1.02MPa 降至 0.88MPa，与此同时，高压燃气锅炉蒸汽外供量也在短时间内增长了 7t/h，高压蒸汽压力由3.72MPa 降至 3.64MPa。第四净化装置克劳斯炉点炉并汽后，未及时调节该装置

内 1# 减温减压器调节阀，导致高压蒸汽压力迅速上升，经过生产调度协调后，全厂蒸汽平衡恢复正常。

（二）原因分析

造成此次蒸汽管网巨幅波动的原因是第四净化装置克劳斯风机异常停机联锁克劳斯炉熄火导致。在正常运行情况下，克劳斯炉所产高压蒸汽经过净化装置 1# 减温减压器转换成 0.35MPa 低压蒸汽供内部使用，剩余蒸汽缺口由动力站所产中压蒸汽经过净化装置 2# 减温减压器转换成低压蒸汽供其使用。当克劳斯炉熄炉后，为保障高压蒸汽压力，1# 减温减压器调节阀迅速关小，为保障低压蒸汽压力，2# 减温减压器调节阀迅速开大（正常运行情况下调节阀为自动状态），从 45% 开大至 85%，造成中压蒸汽用量骤增 36t/h，动力站中压锅炉 A 压力迅速降低。

待第四净化装置克劳斯炉点炉并汽后，对高压蒸汽需求减少，由于未及时增大 1# 减温减压器调节阀开度，导致高压蒸汽管网压力迅速升高，经过生产调度协调后，全厂蒸汽平衡恢复正常。

（三）故障处置

（1）发现中压蒸汽用量增加，管网压力降低后，逐步增加中压燃气锅炉 A、高压燃气锅炉燃料气量的供给，并降低除氧器中压蒸汽用量。

（2）第四净化装置克劳斯炉点火并汽后，中压燃气锅炉 A、高压锅炉 C 外供量迅速下降，内操人员减弱燃烧并开放空阀调节蒸汽压力，维持锅炉稳定运行。

（四）经验教训

车间人员应与净化装置、生产调度沟通，针对涉及蒸汽管网操作时，明确各岗位沟通程序，提前告知操作影响岗位，避免生产波动。

三、空分空压站低压氮气用量波动

（一）故障描述

某日，某净化厂空分空压站于 10:38，低压氮气管网压力低报警，低压氮气管网压力急速下降，外供低压氮气流量突增至 3000m³/h，且呈继续增加趋势，峰值达到 5662.33m³/h（正常流量 1800~2400m³/h），如图 2-11 所示。

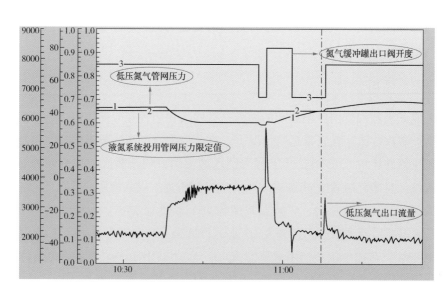

图 2-11　低压氮气流量压力显示

（二）原因分析

（1）第一净化装置克劳斯炉吹扫使用低压氮气，导致空分空压站低压氮气流量突增。

（2）两套变压吸附制氮装置正常供应量最大值为 3200m³/h，事件中氮气使用量最大值为 5562.33m³/h，远超过变压吸附制氮装置两用一备运行状态下的最大供应量，造成压力波动。

（3）变压吸附制氮装置启动并网时间需 15min 左右，车间及岗位人员事先未接到通知，无法提前作出工艺调整(启动空压机备机及变压吸附制氮装置备用设备)。

（三）故障处置

（1）内操人员立即询问生产调度低压氮气用量增加原因，同时，为保证管网压力，外操人员立即到现场将在运行的两套变压吸附制氮装置 B/C 氮气出口阀开大(最大流量 3631m³/h，同时保证出口氮气氧含量低于 0.5%)，但低压氮气管网压力仍在下降，低压氮气压力低于 0.65MPa 时，液氮系统自动投用，通过液氮汽化器转变成低压氮气补充缺口。

（2）10：44，低压氮气管网压力降至 0.6MPa，达到氮气事故球罐氮气外供压力设定值，氮气事故球罐开始外供氮气。

（3）11:03，低压氮气管网氮气流量恢复至2220m³/h，管网压力0.63MPa，氮气事故球罐出口调节阀关闭。11:10，变压吸附制氮装置B/C出口流量2459m³/h，压力0.67MPa并保持稳定，液氮系统停止使用。

（四）经验教训

此次事件中，净化装置的生产需求未能及时反馈至车间，建议车间人员与调度协商，针对联合装置启炉、停炉等重要操作，须建立更加及时、有效的信息反馈机制，及时通知车间，避免类似事件的发生。

四、凝结回水"二氧化硅"超标

（一）故障描述

某日，某厂凝结水站班组对凝液活性炭进行正常反洗作业后，发现仅运行30h的凝液混床二氧化硅含量已达18.8μg/L（控制指标为20μg/L）。对单元内的凝结水工艺流程进行排查并取样分析后发现，在运的凝液混床B入口的二氧化硅含量为304μg/L，在运的精密过滤器A/B入口的二氧化硅含量为332.7μg/L和344.2μg/L、出口的二氧化硅含量为348.2μg/L和385.5μg/L，凝结回水总管的二氧化硅含量为32.5μg/L，凝结水泵出口的二氧化硅含量为340μg/L（凝结水回水的二氧化硅含量指标为<300μg/L）。

（二）事件分析

对各单元凝结水回水经过多次取样分析排查得到数据见表2-1。

表2-1 凝结回水取样分析化验数据表

分析时间	取样位置	pH值	Fe/(μg/L)	电导/(μs/cm)	SiO₂/(μg/L)
第一天 19:00	第一净化装置凝结回水	8.14	7.1	2.25	2.2
	第二净化装置凝结回水	9.07	9.7	2.29	2.5
	第三净化装置凝结回水	8.86	<5.0	2.24	2
	第四净化装置凝结回水	8.94	<5.0	2.38	1.6
	火炬单元凝结水罐	8.84	311	559	13500
	液硫单元凝结水罐	8.96	240	184	314

续表

分析时间	取样位置	pH 值	Fe/ (µg/L)	电导/ (µs/cm)	SiO₂/ (µg/L)
第一天 21:30	火炬单元凝结水罐	—	183	—	11700
	液硫单元凝结水罐	—	526	—	350
第二天 1:00	火炬单元凝结水罐液位计出口	—	171	—	12200
	火炬单元凝结水罐凝结水泵出口	—	273	—	12000
	火炬单元凝结水罐凝结水泵排污阀	—	199	—	12300
第二天 10:00	火炬单元界区凝结水	—	119	—	42.3
	火炬单元凝结水罐进口	—	150	—	60.5
	火炬单元 1# 凝结水泵出口	—	477	—	4900
	火炬单元 2# 凝结水泵出口	—	515	—	5100
	火炬单元凝结水罐出口	—	410	—	5100

根据化验结果，初步判断为火炬单元循环冷却水进入凝结水系统，凝结水被污染，导致凝结回水二氧化硅超标。

再次组织对净化厂全厂凝结水供水点进行取样分析排查，分析结果见表2-2。

表 2-2　凝结水水质复查数据表

取样位置	pH 值	Fe/(µg/L)	电导/(µs/cm)	SiO₂/(µg/L)
第一净化装置凝结回水	9.57	59.8	1.71	9.6
第二净化装置凝结回水	8.69	129	1.88	17.4
第三净化装置凝结回水	7.92	13.9	1.8	9.2
第四净化装置凝结回水	8.73	21.2	1.81	7.5
火炬单元凝结水罐	—	180	—	1700
液硫单元凝结水罐汇管	—	516	2.04	111.8
液硫罐区凝结水罐排放口	—	257	17	263.5

根据化验结果，确认为火炬单元凝结水换热器泄漏导致循环冷却水进入凝结水系统，造成凝结水二氧化硅超标。

（三）故障处置

（1）将火炬单元凝结水切出系统，不进行回收。继续监测凝结水单元凝结水水质，分析结果：凝结水回水总管二氧化硅含量为4.8µg/L，凝结水罐泵出口二氧化硅含量为13.2µg/L，精密过滤器进口总管二氧化硅含量为16.7µg/L。凝结回水水质合格。

100

（2）因二氧化硅超标导致凝结水混合离子交换器迅速失效，为了保障外供水质、水量，将凝结水混合离子交换器出水回流至生水罐，通过一级、二级除盐系统进行再次处理。

（3）专业人员对火炬单元换热器打开检查，确认有一根换热管存在泄漏，后进行了堵漏处理，如图 2-12 所示。

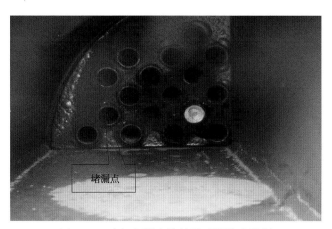

图 2-12　火炬凝结水换热器泄漏管束堵漏

（四）经验教训

净化厂水处理及凝结水站仅对凝结回水总管处凝结水进行频次为 1 次/日的取样分析，对如火炬单元、液硫罐区等间断性外输凝结水至凝结回水管网的生产装置，无法及时发现其水质异常，建议与生产技术科及相关单元对接，于火炬单元、液硫罐区等单元的凝结水罐处增设凝结水取样点，便于监控其外输的凝结水水质。

第四节　电气原因

一、动力站给水泵、风机异常停车

（一）故障描述

某日，某厂动力站单元中压燃气锅炉 A 及高压燃气锅炉运行，10:22，动力站出现晃电，中压给水泵 A/C，低压给水泵 C，乏汽回收泵 B 及高压燃气锅炉鼓风机 E 电机停机，中压锅炉给水压力、中压蒸汽压力、中压燃气锅炉 A 液位、高压燃气锅炉鼓风机出口风压及低压锅炉给水压力、高压燃气锅炉炉膛负压急剧下降，中压锅炉给水压力由 2.0MPa 降至 1.0MPa，中压燃气锅炉 A 液位由 45% 降至 1%，中压蒸汽压力由 1.05MPa 降至 0.85MPa，低压锅炉给水压力由 0.9MPa 降至 0.6MPa，高压燃气锅炉鼓风机出口风压由 3200Pa 降至 0，高压燃气锅炉炉膛负压由 -100Pa 升至 -1500Pa。具体参数变化如图 2-13~图 2-17 所示。

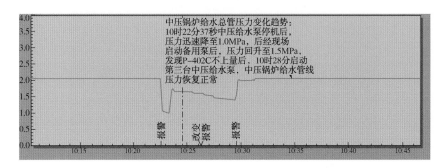

图 2-13　中压锅炉给水总管压力变化趋势

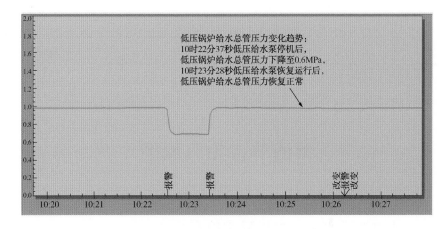

图 2-14　低压锅炉给水总管压力变化趋势

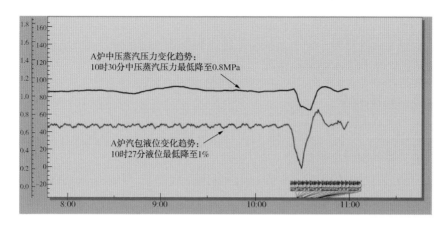

图 2-15　中压锅炉压力及液位变化趋势

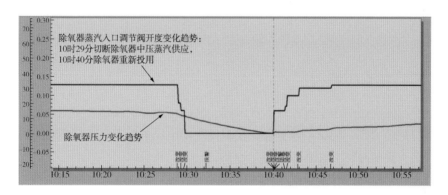

图 2-16　除氧器蒸汽调节阀及压力变化趋势

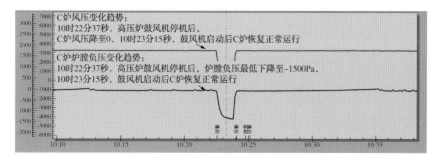

图 2-17　高压燃气锅炉风压及炉膛负压变化趋势

（二）原因分析

本次异常事件是由于动力站低压母线 A 段晃电造成的动力站单元低压电机大面积停机而产生的非正常停机事件。

（三）故障处置

（1）10:23，摘除中压燃气锅炉 A 汽包液位低低联锁，减少中压燃气锅炉 A 燃料气量，降低锅炉负荷。

（2）10:24，迅速启用高压燃气锅炉备用鼓风机 F、中压给水泵 A/C 及低压给水泵 C，同时为迅速恢复中压燃气锅炉 A 汽包液位，紧急启动中压给水泵 B，加强锅炉上水。

（3）10:29，全关除氧器蒸汽入口调节阀，完全切断除氧器中压蒸汽供应。

（4）10:35，中压燃气锅炉 A 汽包液位恢复正常，开始提升中压燃气锅炉 A 蒸汽负荷。

（5）10:40，恢复除氧器中压蒸汽供应。

（四）经验教训

（1）车间人员应与电气专业人员对接，共同梳理和确认动力站用电设备与电气盘柜的对应台账，根据台账，确认在运低压用电设备所在电气低压母线，针对晃电可能，提前有针对性地编制应急预案，并宣贯至班组。

（2）在中压蒸汽压力短时间内无法恢复的情况下，应立即切断除氧器中压蒸汽供应，在此次处理过程中，中压蒸汽压力开始下降约 5min 后，才完全切断除氧器中压蒸汽的供应，切断时间不够及时。

二、公用工程异常晃电

（一）故障描述

某日，某净化厂于 14:03，公用工程车间所辖循环水场、动力站、空分空压站、净化水场及消防泵站、取水泵站共 5 个单元同时出现晃电现象。循环水泵 N、汽驱空气压缩机 A、电驱空气压缩机 C、清水泵 B、消防稳压泵 A、原水取水泵 B、中压给水泵 A/B、高压给水泵 B、高压燃气锅炉鼓风机 E/F 被晃停。中压燃气锅炉 A 及高压燃气锅炉汽包液位迅速下降，高压燃气锅炉鼓风机风压由

3379Pa 降至 0，高压燃气锅炉炉膛负压由 -100Pa 升至 -1227Pa，高压蒸汽压力由 3.7MPa 降至 2.4MPa，高压给水压力由 5.6MPa 降至 5.08MPa，第五循环水塔循环水（供应第一净化装置使用）供应压力由 0.42MPa 降至 0.14MPa，净化风压力由 0.74MPa 降至 0.52MPa，净化风事故球罐出口调节阀自动开启，氮气事故球罐出口调节阀及低压液氮汽化器入口调节阀自动开启，通过低压液氮汽化和事故球罐的补充维持低压氮气压力为 0.61MPa，生产水供应中断，原水供应中断，消防水压力由 0.81MPa 降至 0.4MPa。

14:04，中压燃气锅炉 A 汽包液位低低联锁停炉，中压蒸汽供应中断。

14:05，水处理及凝结水站除盐水泵 A/B 被晃停，除盐水压力由 0.45MPa 降至 0.18MPa。

14:07，原水取水泵 B 重启不成功，联系电气专业人员现场检查。

15:04，低压液氮汽化器氮气出口管道出现结霜现象，出口氮气温度由 30℃ 迅速下降至 -40℃。

18:20，在重启汽驱空气压缩机 A 过程中，汽驱透平转速由 3575r/min 突降至 0，汽驱空气压缩机联锁停机，现场控制面板显示润滑油油压低低联锁，后继续启动透平 4 次，前 3 次均在透平暖机升速过程中出现转速升至 400r/min（规定要求升至 2000r/min）时，继续升速非常缓慢，后续过程无法进行，第 4 次在升速至额定转速（3575r/min）过程中，再次出现联锁停机（控制面板显示油压低低联锁）（图 2-18~图 2-21）。

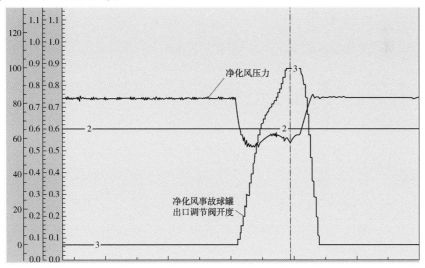

图 2-18　净化风压力与净化风事故球罐出口调节阀开度趋势

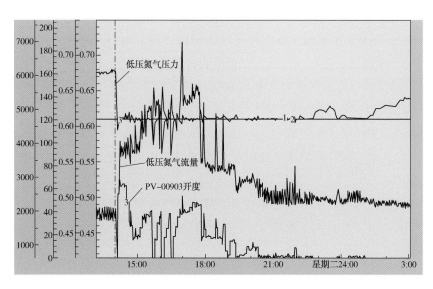

图2-19 低压氮气压力、低压氮气流量与低压液氮调节阀开度趋势

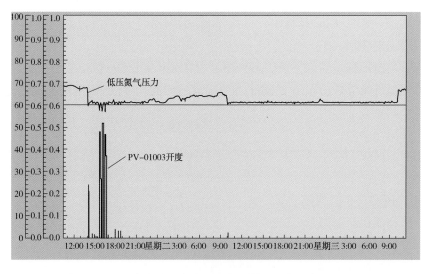

图2-20 低压氮气压力与氮气事故球罐出口调节阀开度趋势

图 2-21　汽化器出口结霜显示

（二）原因分析

本次异常事件由供电线路出现晃电所致，针对事件过程中出现的问题原因分析如下：

1. 原水取水泵 B 晃停后重启不成功

电气专业人员检查发现原水取水泵 B 配电柜避雷器因晃电而烧坏，造成该泵重启不成功。

2. 低压液氮汽化器出口氮气管道结霜

此次晃电同样影响到净化装置，导致净化装置低压氮气需求量激增，空分空压站低压氮气出界区流量由 2000m³/h 迅速增至 5000m³/h，低压液氮汽化器液氮入口调节阀根据低压氮气压力自动调节，导致低压液氮汽化器液氮入口调节阀开度迅速上升至 70%，且持续时间 1h 左右，导致低压液氮汽化器持续高负荷运行，内部用于汽化低压液氮的除盐水结冰，换热不足，汽化器出口管道内出现液氮，导致出口管道结霜。

3. 汽驱空压机重启不成功

汽驱空压机压缩机重启过程中蒸汽及透平转速的参数趋势如图 2-22 所示。

第一次跳机后，检查压缩机油压和转速的历史趋势图，发现转速先于油压下降，油压低为转速下降所致，而非直接跳机原因。

联系仪表人员检查二级喷嘴压差传感器，接线无松动现象，发现传感器故障报警原因为停机状态下传感器本身漂移导致测量值在显示值下限范围之外，导致无法显示数字，控制器默认为传感器故障。

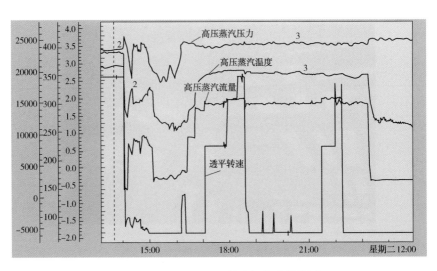

图 2-22 汽驱空压机转速与蒸汽趋势图

传感器故障排除后，启机 3 次，发现转速在升至 400r/min 左右时，升速非常缓慢，为非正常运行状态，现场操作人员立即停机。

现场检查发现，调速阀阀位显示正常，传感器故障报警信息再次出现，但非造成转速低的原因。怀疑为速关阀阀内动作及调速阀阀内动作不正常造成，导致蒸汽流量无法顺利进入透平，转速无法提升。

联系现场仪表人员检查调速阀及速关阀。速关阀阀杆、脱扣连杆及卡销正常，调速阀动作检查(给模拟信号，校对阀位开度)正常，为检查 PEAK150 控制信号，使用手操器监控其对调速阀的控制输出信号。再次启机，启机 2000r/min 及 3000r/min 运行正常，但控制器对调速阀的控制信号为 10%(2000r/min)和100%(3000r/min)。2000r/min 时，控制信号与阀位实际开度相符，3000r/min时，现场实际阀位为 15%，而控制信号为 100%，确认调速阀阀位控制存在问题。

次日，拆开调速阀气缸发现气缸内壁存在擦痕，活塞 O 形圈硬化及磨损严重，无有效的伸缩量，造成活塞密封不严，如图 2-23、图 2-24 所示。阀位在有蒸汽大量通过的环境下，无法有效根据控制信号调节阀门开度，因控制器根据设备转速进行 PID 控制，转速无法达到设定值时，控制器会一直累计控制信号直至全开，在全开状态下，转速仍无法达到设定值时，会直接给出调速阀全关的控制信号，进行停机处理，故造成在 3000r/min 时控制信号为 100%，调速阀因气缸活塞内漏，阀位无法有效控制，转速仍无法升至 3500r/min，故控制器直接全关调速阀，停机处理。

图 2-23 调速阀气缸擦痕显示

图 2-24 调速阀活塞 O 形圈显示

重新更换 O 形圈，并用高性能 A/B 胶于气缸内壁擦痕处涂抹，后用砂纸磨平，回装后启机成功。

（三）故障处置

（1）14:04，迅速停用变压吸附装置 A/B，利用低压液氮进行氮气补充，优先保证净化风的外界供应，同时摘除高压燃气锅炉汽包液位低低联锁及高压燃气锅炉火检联锁，关小高压燃气锅炉燃料气调节阀，降低高压燃气锅炉蒸汽负荷。

（2）14:05，启用循环水泵 O、清水泵 B、消防稳压泵 A，恢复 5# 循环水塔循环水压力，恢复生产水及消防水供应。

（3）14:06，启用除盐水泵 A/B，恢复除盐水供应。

（4）14:08，启用中压给水泵 B/C、高压给水泵 C、高压燃气锅炉鼓风机

E/F，恢复中压锅炉给水及高压锅炉给水供应，恢复高压燃气锅炉鼓风机出口风压及炉膛负压。

（5）14:24，电气专业人员对电驱空气压缩机 B 开关柜复位完成，电驱空气压缩机 B 重启成功。

（6）14:28，高压燃气锅炉汽包液位恢复正常，开始提升高压燃气锅炉负荷，并将减温减压器高压蒸汽入口调节阀开度由 28% 降至 15%。

（7）14:30，重启变压吸附制氮装置 A，减少低压液氮汽化器负荷。

（8）14:32，电气专业人员对电驱空气压缩机 C 开关柜复位完成，电驱空气压缩机 C 启用，恢复净化风供应。

（9）14:39，启用变压吸附制氮装置 B，恢复低压氮气供应。

（10）15:00，中压燃气锅炉 A 点炉成功，同时逐步关闭除氧器中压蒸汽入口调节阀，切断除氧器中压蒸汽供应。

（11）16:10，恢复高压蒸汽。16:41，恢复中压蒸汽供应。

（12）次日 8:38，完成原水取水泵配电柜避雷针维修，原水供应恢复。

（13）次日 22:00，重启汽驱空气压缩机 A 成功，空分空压站恢复正常生产。

（四）经验教训

（1）清水罐、除盐水罐及液氮储槽在日常生产过程中应保持高液位运行（清水罐液位维持在 80% 以上，除盐水罐液位维持在 9m 以上，液氮储槽维持在 70% 以上）。

（2）车间应根据此次异常事件，重新修订车间停电应急预案，明确单元恢复生产顺序，优化事件状态下各单元的人员分配及处理措施的安排。循环水场、除盐水站及净化水场应第一时间同时恢复，随后恢复空分空压站及动力站。在保证设备安全运行的前提下，保证全厂公用介质的供应。

（3）针对低压液氮汽化器无法满足设计负荷（设计负荷为 $7200m^3/h$）的问题，需要持续与供货厂家及设计单位沟通，推进整改方案的落实。

三、循环水场循环水泵电机紧急停机

（一）故障描述

某日，某厂于 13:35，电气专业人员检查后发现循环水泵 E 接线盒内电缆头绝缘被击穿，要求立即停用循环水泵 E（该泵在运，为第三净化装置输送循水），13：41，电气专业人员在循环水场配电间内擅自切断循环水泵 E 电源，此时循环水备用泵 F 尚未启动完成，第三净化装置循环水供水压力由 0.42MPa 降至 0.31MPa。

（二）原因分析

（1）经过现场循环水泵 E 电机接线盒开盖检查确认，该电缆头在原施工安装过程中，电缆主绝缘被划伤，在长时间运行中，因划伤处局部放电，导致绝缘被击穿，对电机外壳间歇性放电，造成 10kV 电力系统接地故障。

（2）电气专业人员擅自停用循环泵 E，且操作前未通知岗位人员，导致第三净化装置循环水压力降低。

（3）电气专业人员在配电间内操作时，无单元班组人员在旁监护，导致班组人员不清楚电气专业人员操作。

（三）故障处置

（1）13：42，迅速启动第三净化装置循环水系统备用循环水泵 F，恢复第三净化装置循环水系统供水压力。

（2）电气专业人员对循环水泵 E 进行断电，并更换该泵接线盒内电缆头。

（四）经验教训

（1）本次处置过程中，单元配电间虽属于电气专业人员管理，但在涉及现场机泵操作时，单位班组人员须进行操作监护。

（2）本次处置过程中，电气专业人员直接要求岗位人员停用设备，且未向岗位人员解释原因，后又自行切断循环水泵 E 电源，应急处置流程存在问题，车间人员应与生产调度、电气专业人员对接，明确跨专业应急处置流程，建议类似情况下电气专业人员应通知生产调度，由生产调度下令进行应急处置。

四、循环水场 2# 塔风机异常停机

（一）故障描述

某日，某厂于 10：44，循环水场冷却塔风机 2#（对应第四净化装置循环水系统）异常停机，此时第四净化装置循环水供水温度为 30.5℃，10：53，第四净化装置循环水供水温度开始上升，10：59，电气专业人员检查后，未发现任何问题，

重新送电启用。11：03，第四净化装置循环水供水温度上升至 33.8℃后开始下降，11：10，循环水温度恢复正常。次日 10：50，冷却塔风机 2#再次异常停机，电气专业人员检查发现该风机电气回路综保报文"未断相保护动作"，与上次异常停机综保报文相同。

（二）原因分析

冷却塔风机 2#综保运行时间过久，引起电子逻辑电路检测门槛变窄，引起误动，造成风机异常停机。

（三）故障处置

（1）打开生产水补水阀，对第四净化装置循环水系统进行生产水补水操作，防止第四净化装置循环水供水温度上升过快。

（2）电气专业人员更换冷却塔风机 2#综保，次日 11：26，重启开机，恢复正常运行。

（四）经验教训

针对循环水场其他冷却塔风机综保，车间人员须与电气专业人员对接，全部进行检查，同时该型号综保应尽快核对库存，建议电气专业人员做好该综保备件采购工作。

五、公用工程异常晃电（一）

（一）故障描述

某日，某厂于 22：38，取水泵站、净化水场及消防泵站、循环水场、动力站、水处理及凝结水站、空分空压站共 6 个单元出现晃电现象。原水取水泵入口 2#/3#/4#电动阀、原水取水泵出口 6#/7#/8#电动阀、高效沉淀池控制柜、循环水场电导率分析表 1#/2#/3#/4#/5#、高压燃气锅炉引风机 B、生水泵 B、加氨泵 A、电驱空气压缩机 B 控制柜共 16 台设备失电停机。原水取水泵、高效沉淀池及电驱空气压缩机 B 晃电前处于停用状态，故未影响生产，循环水场循环水电导率在线监测系统失效，生水泵 B 停机导致除盐水系统阴离子交换器及阳离子交换器落床失效(此时阴离子交换器及阳离子交换器正在进行自循环运行，落床未影响除盐水供应)，加氨泵 A 停机导致除盐水 pH 值降低，动力站高压燃气锅炉引风机

B 停机，导致高压燃气锅炉烟道负压迅速上升，由-470Pa 上升至 723Pa，烟气氧含量浓度迅速降低，由 7.35%降至 4.55%。

（二）原因分析

因雷雨天气导致净化厂厂外高压输电线路发生晃电故障，公用工程车间低压电气设备未设置防晃电模块，导致部分设备因晃电停机。

（三）故障处置

（1）22：40，重启高压燃气锅炉引风机 B，炉膛压力及烟道负压、烟气氧含量恢复正常，蒸汽供应未受影响。

（2）22：42，在仪表专业及电气专业人员配合下完成生水泵、加氨泵等被晃停设备的重启工作。

（四）经验教训

（1）电驱空气压缩机 B 晃(停)电未影响正常生产，但压缩机晃停后，配电间重新复位、合闸送电等操作影响电驱空气压缩机运行恢复时间，建议进行改进，或者将空分空压站电驱空气压缩机合闸操作列为异常事件中优先处置工作。

（2）动力站单元引风机失电停机，虽然因处置及时，避免了事件升级，但风机对锅炉安全运行非常重要，建议针对动力站高压燃气锅炉鼓引风机进行设备优化，争取能够保证晃电时，鼓引风机接触器不跳闸，避免设备停机。

六、公用工程异常晃电（二）

（一）故障描述

某日，某厂于 16：50，动力站中压燃气锅炉 B 及高压燃气锅炉蒸汽负荷开始波动，17：08，中压燃气锅炉 B 负荷由 30t/h 上升至 58t/h，其燃料气量由 2058m³/h 调整至 3533m³/h，出口中压蒸汽压力由 1.09MPa 下降至 0.93MPa，高压燃气锅炉负荷由 44t/h 上升至 53t/h，燃料气量由 3576m³/h 调整至 4251m³/h。

17：17，公用工程车间多个单元发生晃电，部分机泵及电机加热器出现停电跳车现象，具体情况见表 2-3。

表2-3 公用工程晃停设备统计表

单 元	设备晃电跳车情况
净化水场及消防泵站	消防稳压泵B、回收水泵B、高效池污泥循环泵A/B、高效池絮凝搅拌机A/B、PAC加药泵A/C
水处理及凝结水站	加氨泵A
动力站	排污降温池提升泵A/B、高压给水泵D电加热器、锅炉鼓风机B/D电加热器
空分空压站	电驱空气压缩机B

空分空压站电驱空气压缩机B晃停后，净化风压力由0.72MPa降至0.65MPa。

（二）原因分析

（1）第四净化装置克劳斯风机A振动超高联锁停车，影响全厂高压、中压蒸汽负荷。

（2）电驱空气压缩机B主电机高压电源及现场控制柜低压电源由现场配电间中压开关柜BO3及低压开关柜LVB-01B-b01供给，中压开关控制柜显示电力系统故障报警（低压开关柜无报警系统，暂无法判断），确认为低压电源晃停，造成现场控制柜失电，进而导致电驱空气压缩机B停机。

（3）公用工程所辖单元低压电源线路晃电，造成部分低压电气设备晃停。

（三）故障处置

（1）17:19，启用电驱空气压缩机C成功，同时将变压吸附制氮装置净化风入口调节阀开度由100%降至80%。净化风压力迅速上升至0.7MPa，供风恢复正常。

（2）17:30，动力站中压燃气锅炉B蒸汽负荷降至39t/h，燃料气量调整至2031m³/h，压力维持在1.08MPa，高压燃气锅炉负荷降至38t/h，燃料气量调整至3090m³/h，锅炉压力负荷趋于平稳，动力站恢复正常运行。

（四）经验教训

空压机现场控制柜电源直接由配电间低压控制柜供给，无UPS电源设备作为保护，存在较大生产隐患，应加快推进空压机现场控制柜增加UPS设备项目的实施工作。

第五节 仪表原因

动力站高压燃气锅炉 2# 燃烧器熄火

（一）故障描述

某日，某厂动力站中压燃气锅炉 B、高压燃气锅炉同时运行，中压燃气锅炉 B 负荷 43t/h，高压燃气锅炉负荷 41t/h，高压燃气锅炉燃料气进气量为 3235m³/h，锅炉运行稳定，燃料气管线压力平稳。2:03，动力站高压燃气锅炉燃烧管理系统发出报警，随即高压燃气锅炉 2# 燃烧器异常熄火，燃料气进气量降至 2455m³/h。2:05，高压蒸汽压力由 3.71MPa 降至 3.59MPa。

（二）原因分析

1. 排除因岗位人员误操作造成熄火的可能

2# 燃烧器熄火前 1h 内，动力站班组未对燃烧器进行任何操作，且炉膛负压也处于稳定状态(炉膛负压变化趋势如图 2-25 所示)。可以排除因误操作导致 2# 燃烧器熄火的可能。

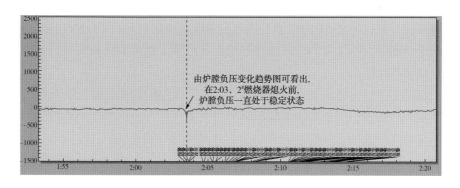

由炉膛负压变化趋势图可看出，在2:03，2#燃烧器熄火前，炉膛负压一直处于稳定状态

图 2-25 炉膛负压变化趋势

2. 排除因外界燃料气波动造成熄火的可能

2# 燃烧器异常熄火前，查看动力站燃料气总管压力及燃料气进气量历史趋势

（图 2-26），两者均维持在正常范围内，未出现可疑的变化，高压燃气锅炉燃烧稳定，排除 2#燃烧器熄火前，因动力站燃料气管网压力出现波动导致熄火的可能。

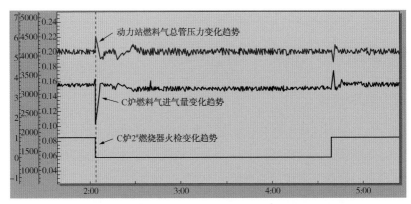

图 2-26   2#燃烧器火检、燃料气流量及燃料气压力趋势

3. 锅炉燃烧管理系统火检信号异常

从图 2-26 中还可以看出，2#燃烧器异常熄火时，火检信号、燃料气进气量、动力站燃料气总管压力几乎同时发生变化，为进一步确认火检信号丢失与 2#燃烧器熄火的先后顺序，我们查看了锅炉燃烧管理系统上的报警记录。

关于燃料气压力低报与高报的报警记录，因报警值设定与实际使用不符而未投用联锁，不会对锅炉燃烧造成影响，因此不作考虑。但关于火检信息的记录显示，1:57，2#燃烧器出现火检信号"无"的报警信息，随即启动了 2#燃烧器火检无信号联锁。对比图 2-26 中燃料气进气量发生波动的时间（因锅炉燃烧系统比实际时间快 6min），可判断本次 2#燃烧器熄火是由于 2#燃烧器火检信号异常丢失导致该燃烧器联锁熄灭。

而在此之前，为防止其他燃烧器火焰对点火火焰信号判断的影响而调高 2#燃烧器的火检门槛值，那么本次火检信号异常丢失极有可能是由于火检门槛值设定过高，导致轻微波动变判断为无火焰造成 2#燃烧器联锁熄火。

（三）故障处置

（1）暂时将高压燃气锅炉燃烧器火检信号联锁旁路，避免在火检问题解决前造成事故扩大。

（2）关闭 2#燃烧器燃料气调节阀，并加大 1#燃烧器、3#燃烧器、4#燃烧器燃料气进气量，维持高压燃气锅炉原负荷，以遏制高压蒸汽管网压力下降趋势；

2:05，高压蒸汽压力开始回升。

（3）高压蒸汽管网压力稳定后，联系仪表人员对2#燃烧器进行检查，检查未发现问题，然后对2#燃烧器进行重新点火，4:40，2#燃烧器点火成功，后调整各燃烧器负荷均衡，恢复正常生产。

（4）次日，对火检信号检测灵敏度进行重新校准，对火检信号门槛值进行重新设定。

（四）经验教训

仪表专业人员应定期对中压、高压燃气锅炉各燃烧器火检信号强度进行检查和校准，将此项内容列入仪表巡检要求中，并做好巡检记录，以提前发现燃烧器火检隐患。

第三章 配套生产系统常见故障判断与处理

本章主要对高含硫气田配套生产系统常见故障的现象、原因和处理措施进行详细分析和描述，主要包括硫黄储运系统、电气系统、工业控制系统，为同类高含硫净化厂的配套生产系统相似故障的判断与处理提供借鉴。

第一节　硫黄储运系统

硫黄储运系统是天然气净化厂的重要组成部分，承担着硫黄的储存、固体硫黄的生产等任务，本节主要针对硫黄储运系统出现的故障进行分析和总结，介绍了成型机风机通风弯管堵塞等5项典型案例。

一、成型机风机通风弯管堵塞

（一）事件描述

某日，在固体硫黄生产过程中，发现成型机风机无法将产生的雾化硫蒸气和粉尘抽离出去，经确认风机运行正常，随即判定为风管堵塞所致(图3-1)。

图 3-1　除尘风管

（二）原因分析

导致通风管堵塞的原因主要是：

（1）通风管设计存在缺陷，Z字形通风管易造成粉尘沉积堵塞。

（2）脱模剂雾化大，粉尘湿度大，易黏在管壁上，随时间增加越积越厚直至堵塞管道。

（3）成型机通风管壁的粉尘无法进行清除，只有拆卸解体进行全面清除。

（三）故障处置

对Z字形直角通风管进行改造，增加弧度，防止粉尘堆积（图3-2、图3-3）。

图3-2　改造前　　　　　　　　　图3-3　改造后

（四）经验教训

（1）对通风排气管尽量减少直角设计。

（2）在脱模剂的使用上配比要合理，特别是压力控制要合理，钢带上的喷射量不要过大，否则会造成雾化量过大，增加硫黄粉尘的湿度。

（3）对有弯度的排风管应预留清理孔并定期进行清理。

二、液硫罐腐蚀穿孔

（一）事件描述

某日，在例行安全检查中，对备用罐顶进行检查时，发现对面正在使用的罐顶西侧通风孔有白色蒸汽冒出，随后维保人员将保温层拆开，发现罐顶出现一直径约 1cm 的穿孔（图 3-4、图 3-5）。

图 3-4　罐内部

图 3-5　罐顶

（二）原因分析

（1）设计：如图 3-4、图 3-5 所示，两个呼吸口管线夹套管下段没有进行焊接封堵，只是依靠夹套管与罐顶钢板之间、罐顶钢板与加强圈之间、加强圈与呼吸口管线之间的三个焊点起到夹套内蒸汽的封闭作用，由于夹套内长期存在积液，同时罐顶钢板与加强圈之间同样也存在积液，对焊缝造成腐蚀，在局部的施工缺陷处就造成了穿孔。

（2）施工：施工单位在施工过程中，没有严把质量关，导致了局部焊接缺陷，最终造成了由于蒸汽冷凝液的腐蚀而罐顶穿孔。

（三）故障处置

由于本次储罐罐顶穿孔主要是由于呼吸孔的缺陷造成的，所以首先确定的是对于呼吸孔的改造；经过进罐检查后发现罐顶中心板腐蚀严重，确定对罐顶中心板进行更换；检查发现罐内壁一侧部分罐壁腐蚀严重，确定对罐内壁部分重新进行喷砂除锈、热喷铝防腐处理；通过核查，发现蒸汽管线在液硫储罐罐区管线排液不畅，确定在蒸汽管线低点增加4套排液装置。

（四）经验教训

（1）液硫罐属于关键要害装置，承担液硫存储和成型等生产调节的作用，一旦腐蚀扩大，混入空气，引发硫化亚铁自燃，后果将不堪设想。

（2）加强管理，做好日常巡检工作，确保能及时发现隐患，及时整改。

（3）严格执行《液硫罐区安全管理规定》，对上罐作业人员、时间进行严格控制，对作业过程中防爆工具使用、检测仪、空气呼吸器正确佩戴进行严格监管。

（4）以后，加强施工过程的质量监管，杜绝因人为因素造成同类事件的发生。

三、冷凝水冷却器穿孔

（一）事件描述

某日，岗位人员在巡检过程中，发现冷凝水冷却器凝结水入口封头保温层有水滴滴落并不时有白烟冒出，随即通知车间技术员，切除冷却器流程，泄压冷却后联系维保人员拆除保温，发现封头靠凝结水入管线处出现穿孔（图3-6）。

图3-6　凝结水冷却器入口

（二）原因分析

（1）腐蚀穿孔。

（2）温差过大，造成膨胀开裂后，冲刷穿孔。

（3）设备铸造存在缺陷。

（三）故障处置

对穿孔处进行补焊或更换封头。

（四）经验教训

（1）加强设备的巡查，特别是针对压力容器更要加强。

（2）严格控制工艺参数。

（3）严把设备入厂关，避免缺陷设备入厂投用。

四、冷凝水二氧化硅超标

（一）事件描述

某日，对冷凝水例行检测时，发现二氧化硅超标（>100μg/L），车间人员立即开展了排查，对凝结水冷却器入口及出口取样化验后，判断冷却器管程内漏，导致循环冷却水混入凝结水，造成储罐内冷凝水二氧化硅超标（图3-7、图3-8）。

分析项目	单位	最大值	最小值	平均值	标准偏差	分析次数	合格率(%)
pH		8.82	8.82	8.82	0	1	100.00
pH平均值		8.82	8.82	8.82	0	1	100.00
电导率	μS/cm	97.1	97.1	97.1	0	1	100.00
二氧化硅	μg/L	718	718	718	0	1	0.00
总铁	μg/L	108.92	108.92	108.92	0	1	100.00

图3-7 分析数据

图 3-8　凝结水冷却器管程

（二）原因分析

（1）腐蚀穿孔。

（2）温差过大，造成膨胀开裂后，冲刷穿孔。

（3）设备材料不能满足工艺要求，存在缺陷。

（三）故障处置

更换管程。

（四）经验教训

（1）加强设备的巡查，特别是针对压力容器更要加强。

（2）严格控制工艺参数。

（3）严把设备入厂关，避免缺陷设备入厂投用。

五、液硫罐出口软管穿孔

（一）事件描述

某日，中控室 DCS 显示液硫泵跳闸，当班人员赶赴现场处置，在启泵排气过程中，发现气量比平时正常启动时多，尝试启动几次，但都因负荷过重导致跳闸停机，经过仔细辨别发现排出的气中存在蒸汽，因而判断液硫罐出口夹套管线可能有内漏的情况，经过排查发现罐出口软管(图 3-9)穿孔。

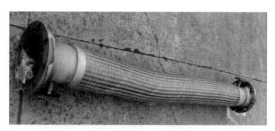

图 3-9　出口软管

（二）原因分析

液硫罐出口夹套软管疲劳老化导致破损穿孔，伴热蒸汽窜入液硫。

（三）故障处置

更换软管。

（四）经验教训

车间人员应加强关键设备、设施的管理，确保其处于良好状态，应做好易损配件的储备，以便急用，对于关键部位的易损件应该定期检测或更换。

第二节　仪表系统

近几年来，化工行业的自动化仪表使用越来越广泛，自动化程序也越来越高。为了保证安全、高效生产，自动化生产起到了很重要的作用。随着人类对化工产品需求的逐步扩大，化工生产业也在急剧扩张。同时，人们对化工生产中的自动化仪表的要求也越来越高。因此，需要有足够的安全性、灵敏度及稳定性，才能在生产过程中对工艺参数进行监控、显示及控制处理。本节主要讲述了 10 例典型的工业控制系统故障事件。

一、循环水单元控制器及卡件报错

（一）故障描述

2015 年 3 月 23 日 7：40 左右，某厂循环水单元控制器、卡件全部报错，DCS 画面所有仪表都显示模块错误（图 3-10、图 3-11）。

图 3-10 控制器报错

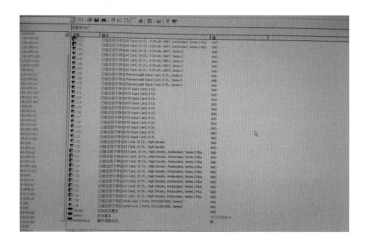

图 3-11 卡件报错

（二）原因分析

2015 年 3 月 15 日 12:40 左右，循环水单元控制器和卡件曾一度都报错，系统人员检查发现机柜间有老鼠进出，卡件上有老鼠留下的痕迹，系统人员将控制器和卡件下电检查后，重新下装系统恢复正常。

为了防止小动物进出机柜间，破坏设备，影响正常生产运行，系统人员对机柜间门和控制柜安装挡鼠板，同时用胶泥封堵。

2015 年 3 月 23 日 7:40，循环水单元控制器和卡件再度报错，检查发现控制器和卡件频繁地时好时坏，系统人员到机柜间检查发现，15 日在控制柜背面电缆用胶泥封堵处有一小孔(图 3-12)，老鼠将胶泥咬开后进入控制柜，造成控制器二次报错。

图 3-12 进线口

（三）故障处置

发现模块错误后，及时配合工艺人员将所有仪表都打成手动。同时，派人检查系统机柜封堵情况。在消除模块错误后，对所有电缆进出口进行二次封堵(图 3-13)。

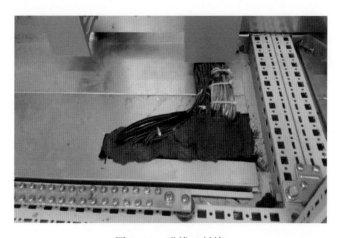

图 3-13 进线口封堵

（四）经验教训

系统专业人员须加强日常巡检工作，定期检查机柜间所有电缆进出口的封堵情况，防止设备出现隐患。定期检查机柜间静电地板下的挡鼠板、粘鼠板是否完好、能正常使用，做好应对小动物设施的维护保养工作。

二、DCS历史数据异常

（一）故障描述

2017年01月05日9:05左右，某厂系统仪表人员发现301-HIS历史服务器中连续历史记录有预警信号，检查发现历史服务器磁盘空间已满，导致实时数据无法存储到数据包，从而在11:35清理完磁盘空间后，操作站无法查看2017年01月05日9:05~11:35这一时间阶段准确的历史趋势记录。

（二）原因分析

经过排查发现DCS系统HIS站数据存储硬盘D盘已满，致使实时数据无法导入。

（三）故障处置

（1）系统仪表人员发现301-HIS历史服务器中连续历史记录有预警信号。

（2）系统人员立刻去机柜间检查HIS历史服务器，发现数据存储磁盘空间不足，并向当班班长汇报情况。

（3）系统仪表人员根据数据备份操作流程，将DCS历史服务器历史数据进行导出备份。

（4）导出数据量较大，耗时较长，从9:20~11:25完成数据备份。

（5）11:35完成磁盘空间清理工作，释放磁盘空间247GB。

（四）经验教训

系统仪表人员组织DCS历史趋势异常分析会，从管理和技术方面讨论事件原因，提出防范措施。

1. 管理方面

（1）要求历史数据每隔半年定期备份。随着运行时间增长而后期数据大量增加的历史趋势，提前将磁盘空间存满。反映出后期运行过程中制度不合理，应对制度进行改进。

（2）随着历史点位的不断新增，数据包大小也在不断增加，历史数据的备份周期未根据实时数据包大小进行调整。

2. 改进措施

（1）修订《系统仪表设备维修保养管理制度》有关数据备份的要求，要求每月对历史服务器进行检查并记录剩余磁盘空间容量，保证磁盘空间留有 50% 的余量。

（2）加强数据备份管理工作，提出双人专项负责。

（3）定期检测备份情况，将数据存储情况纳入系统月报。

（4）重新修订检查记录表：历史服务器检查记录表、DCS 程序备份记录本、报表备份记录表。

3. 技术方面

目前，净化厂所有操作站的历史趋势都是通过 HIS 历史站调用数据，在 HIS 站存储空间满的情况下无法导入数据，而且响应速度较慢和负荷较大。如果通过操作站本身的缓存空间，存储关键点位的历史数据，那么即便是 HIS 站未及时存储到数据，操作站也能通过直接调用历史数据查看趋势，杜绝了对工艺操作的影响，同时提高了响应速度。

每台操作站可缓存 250 点位的数据，全厂 DCS 系统预估可以设置 1500 左右点位，总体降低 HIS 站负荷 25%，避免 HIS 站故障情况下无法调用关键参数（图 3-14、图 3-15）。

图 3-14 2016 年系统数据备份刻录光盘

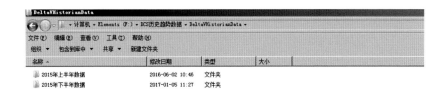

图 3-15 历史数据清理保存记录

三 、历史服务器报表无法自动生成

（一）故障描述

2017 年 1 月 31 日，某厂系统仪表人员拷贝联合装置能耗报表时发现，1 月 29 日报表数据无法自动生成，导出报表数据均显示为 0，仔细检查历史服务器及自动备份报表情况，发现从 1 月 24 日开始生成的报表均无数据，且报表内提示：由于系统缓冲区空间不足或队列已满，不能执行套接字上的操作。10. 8. 1. 98：52012 通常每个套接字地址(协议/网络地址/端口)只允许使用一次。如图 3-16、图 3-17 所示为两种故障现象。

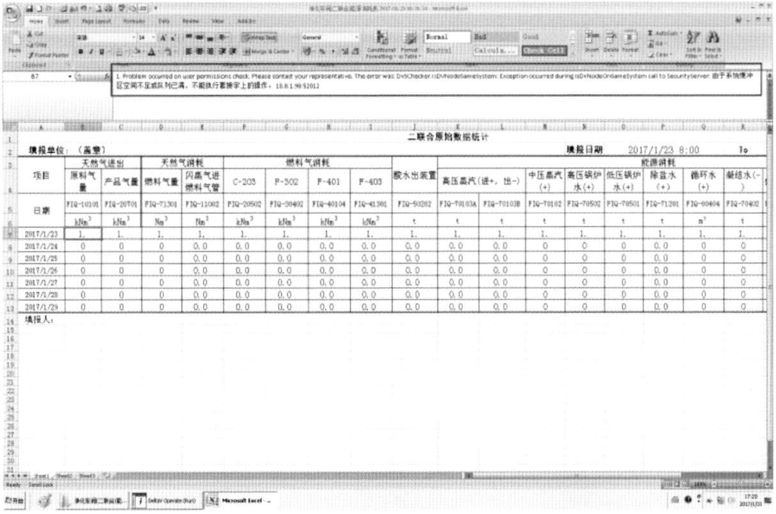

项目	天然气进出		天然气消耗		燃料气消耗				酸水出装置	能源消耗							
	原料气量	产品气量	燃料气量	闪蒸气进燃料气管	C-203	F-302	F-401	F-403		高压蒸汽(进+，出-)		中压蒸汽(+)	高压锅炉水(+)	低压锅炉水(+)	除盐水(+)	循环水(+)	凝结水(-)
日期	FIQ-10101	FIQ-20701	FIQ-71301	FIQ-11002	FIQ-20502	FIQ-30402	FIQ-40104	FIQ-41301	FIQ-50202	FIQ-70103A	FIQ-70103B	FIQ-70102	FIQ-70502	FIQ-70501	FIQ-71201	FIQ-00404	FIQ-70402
	kNm³	kNm³	Nm³	Nm³	kNm³	kNm³	kNm³	kNm³	t	t	t	t	t	t	t	m³	t
2017/1/23	1.	1.	1.	1.	1.	1.	1.	1.	1.	1.	1.	1.	1.	1.	1.	1.	1.
2017/1/24	0	0	0	0.0	0.0	0.0	0.0	0.0	0.0	0.0	0.0	0	0	0	0.0	0	0
2017/1/25	0	0	0	0.0	0.0	0.0	0.0	0.0	0.0	0.0	0.0	0	0	0	0.0	0	0
2017/1/26	0	0	0	0.0	0.0	0.0	0.0	0.0	0.0	0.0	0.0	0	0	0	0.0	0	0
2017/1/27	0	0	0	0.0	0.0	0.0	0.0	0.0	0.0	0.0	0.0	0	0	0	0.0	0	0
2017/1/28	0	0	0	0.0	0.0	0.0	0.0	0.0	0.0	0.0	0.0	0	0	0	0.0	0	0
2017/1/29	0	0	0	0.0	0.0	0.0	0.0	0.0	0.0	0.0	0.0	0	0	0	0.0	0	0

填报人：

图 3-16 故障现象(一)

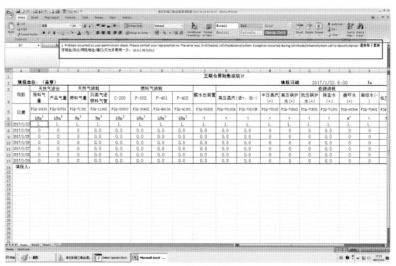

图 3-17　故障现象(二)

（二）原因分析

（1）301-HIS 历史服务器连续运行两年时间，后台程序运行较多，导致虚拟内存不足(图 3-18、图 3-19)。

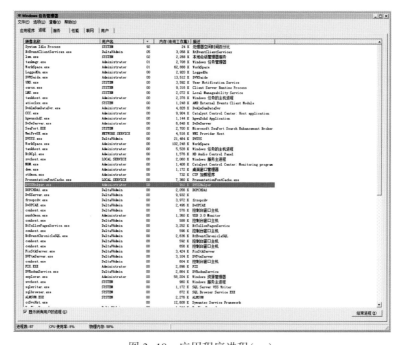

图 3-18　应用程序进程(一)

图 3-19　应用程序进程(二)

（2）运行的报表较多，已达到 92 个(图 3-20)。

图 3-20　运行报表

（三）故障处置

（1）修改历史服务器虚拟内存设置。
（2）手动备份相关的报表数据。
（3）联系厂家前来处理。

（四）经验教训

（1）减少报表任务，减轻历史服务器的运行负荷。
（2）定期对报表文件备份，腾出足够的虚拟内存。

四、火炬单元 DCS 卡件故障灯闪烁

（一）故障描述

2018 年 03 月 17 日，系统仪表人员巡检时发现 303-DCS-001 柜内 05#AO 卡件故障灯闪烁，05#卡件与 06#卡件互为冗余，在 DCS 系统诊断中检查 05#卡件 CH02、CH03、CH06 通道为"Open Loop Detected"，如图 3-21、图 3-22 所示。

图 3-21　故障卡件报警灯闪烁

内容为'C05 AO Card, 16 Ch., 4-20 mA, HART, Redundant, Series 2 Plus'

名称	描述	值	总体的完整性	Status
CH01	通道 01	待命卡件无法使用	GOOD	Good
CH02	通道 02	待命卡件无法使用	BAD	Open Loop Detected
CH03	通道 03	待命卡件无法使用	BAD	Open Loop Detected
CH04	通道 04	待命卡件无法使用	GOOD	Good
CH05	通道 05	待命卡件无法使用	GOOD	Good
CH06	通道 06	待命卡件无法使用	BAD	Open Loop Detected
CH07	通道 07	待命卡件无法使用	GOOD	Good - No Installed Config
CH08	通道 08	待命卡件无法使用	GOOD	Good - No Installed Config
CH09	通道 09	待命卡件无法使用	GOOD	Good - No Installed Config
CH10	通道 10	待命卡件无法使用	GOOD	Good - No Installed Config
CH11	通道 11	待命卡件无法使用	GOOD	Good - No Installed Config
CH12	通道 12	待命卡件无法使用	GOOD	Good - No Installed Config
CH13	通道 13	待命卡件无法使用	GOOD	Good - No Installed Config
CH14	通道 14	待命卡件无法使用	GOOD	Good - No Installed Config
CH15	通道 15	待命卡件无法使用	GOOD	Good - No Installed Config
CH16	通道 16	待命卡件无法使用	GOOD	Good - No Installed Config
Exist	卡件已存在	是		
OInteg	总体的完整性	BAD		
HwRev	硬件版本	Rev 1.10		
SwRev	软件版本	Rev 0.97		
Model	模块	AO Card, 16 Ch., 4-20 mA, HART, Redundant, Series 2 Plus		
SNum	序列号	1483650773		
Status	Status	Bad - Hardware Error		
Switch_Avail	切换可用	不可用- 待命卡件故障		
State	State	待命		
POInteg	对完整性	BAD		
PStatus	配双状态	Standby Card Problem		

图 3-22 故障卡件诊断

（二）原因分析

AO 卡件故障或卡件底板故障或卡槽故障。

（三）故障处置

（1）确保故障 AO 卡件安装位置无误。

（2）告知工艺人员作业流程，共同确认作业风险，开具仪表作业票，确认核对无误后，将上述 AO 卡件相关阀门改为手动操作控制，并现场监控相关阀门。

（3）系统作业人员佩戴防静电手腕带，更换故障的冗余输出故障 AO 卡件。

（4）全新 AO 卡件安装完成后，观察该卡件指示灯工作是否正常，如果该 AO 卡件已工作正常，则将相应的螺丝拧紧，并在诊断程序中观察该卡件是否处于正常工作状态，正常则作业完成，不正常则须检查卡件底板及卡槽。

（5）作业完成后，告知工艺人员，确认无误后恢复相关操作及阀门的控制方式。

（6）整理工具，清理作业场所。

（四）经验教训

（1）加强对更换卡件的巡检力度，发现异常，立即处理。

（2）更换卡件作业时，必须戴上防静电手套或其他防静电用具，以避免因静电烧坏卡件上的电子元器件。

（3）从理论角度分析，DCS冗余卡件在更换其中一块故障卡件时，另一块卡件的工作不会受影响。但是，为了避免作业过程中发生阀门误动作等意外情况，确保生产装置安全、正常运行，作业中需要工艺车间人员配合，实时监控相关阀门、设备的运行情况，做好应急准备工作。

五、DCS系统异常

（一）故障描述

2018年10月27日17：08：42，某厂中心控制室操作员站110-OPS-03电脑黑屏死机。

2018年10月27日17：16：19，某厂中控室工程师站DCS服务器PLUS站301-EWS-01显示蓝屏故障，随后自动进行重启，登录DeltaV系统后，用在线软件诊断整个DCS控制网络，发现控制网络主网、副网在自动切换。

2018年10月27日17：31：37，净化装置3台操作站陆续出现蓝屏故障，开始出现大面积异常重启现象。

（二）原因分析

通过DCS系统整体工控网络进行全面排查，断定为DCS系统受到网络攻击。通过视频监控采集的视频数据进行分析，确定DCS系统感染了网络病毒：永恒之蓝与Ransom. Wannacry"想哭"。检查比对病毒文件首次创建时间，即病毒首次入侵首台工作站的时间。确定为140-OPS-01工作站。病毒文件mssecsvc.exe的首次创建时间为2018年10月27日17：05（图3-23）。

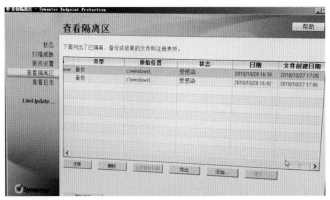

图3-23 感染病毒程序

检查 140-OPS-01 工作站，发现该站作为与管理中心 301 会议室远程画面监控的远程监测站，通过第三网卡的端口引入电信网络，再由电信网络在 301 会议室实现远程桌面监控，因此电信网络接入了 DCS 工业网络，此为病毒入侵的有效途径。

（三）故障处置

（1）2018 年 10 月 27 日 17：08：42，操作员站 110-OPS-03 电脑黑屏死机，安排系统仪表人员前去注销后手动重启。

（2）2018 年 10 月 27 日 17：31：37，出现大面积异常重启现象后，系统仪表维护班组立即组织人员对全厂的交换机、工作站、控制器及整个工控网络进行全面排查。切断 301-OPC 服务器和 140-OPS-01 远程控制站与外界连接的网络，同时与生产车间、调度对接做好应急准备。

（3）2018 年 10 月 27 日 20：02：52，301-HIS 也发生系统故障自动重启，初步分析发现故障电脑是随机产生的，不局限于中控室电脑，且发生间隔时间也没有规律。

（4）2018 年 10 月 27 日 20：30，系统仪表人员对中控室 2 个 UPS 电源进行供电电压检查，发现电压稳定在 225V，没有太大波动，询问供电管理站供电正常，全厂各单元电脑均有故障发生，且无规律。排除系统自我保护原因。

（5）2018 年 10 月 27 日 21：30，查询电脑蓝屏故障代码，搭设四台视频监控，对故障频次高的操作站进行视频监控，以便采集故障电脑蓝屏瞬间的 Windows 报警数据。

（6）2018 年 10 月 27 日 22：55：37，对通过视频监控采集的视频数据进行分析，采集到蓝屏期间的报警数据（图 3-24），同时将 Windows 系统日志和蓝屏数据打包发往艾默生技术工程师进行远程协助，确定 DCS 系统感染了网络病毒。

图 3-24　蓝屏报错代码

（7）2018年10月27日23:40，艾默生技术工程师通过电子邮件发送专用杀毒软件。

（8）2018年10月28日凌晨，对杀毒软件Symantec Endpoint Protection进行测试，2:00对130-OPS-02操作站完成杀毒软件安装，开始对整个电脑进行全面扫描。

（9）2018年10月28日03:05，130-OPS-02杀毒软件全面扫描完成，发现风险2项，文件名分别是mssecsvc.exe和qeriuwjhrf，风险均是"Ransom.Wannacry"，经过网络查找相关资料确认是Wannacry勒索病毒（图3-25）。

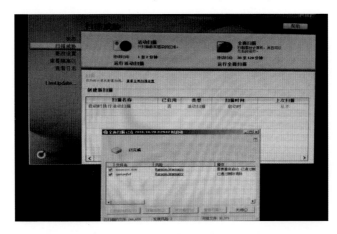

图3-25　病毒程序

（10）2018年10月28日03:10，根据这一情况，决定对其他操作站逐一安装杀毒软件，优先保证每个联合和单元一台操作站运行稳定，工作站异常重启现象得到基本控制。

（11）2018年10月28日12:00完成30台工作站的杀毒软件安装工作，工作站异常重启现象明显好转，异常重启频次显著降低。

（12）2018年10月28日17:00，完成全部工作站杀毒软件安装工作，工作站异常重启现象已得到基本控制，至今未再发现一起病毒感染事件；截至08:00，全厂DCS操作站发生故障128次，工作站共48台，发生过故障的有33台，正常运行15台。

（13）2018年10月28日18:00，艾默生技术工程师到达现场，开始对DCS系统功能完整性进行评估。针对组态功能块的在线、离线、强制、下装、报警等功能进行依次检索，经检查，所有工作站功能恢复正常，无异常现象。

（四）经验教训

网络病毒可以致工业网络瘫痪，对于 DCS 系统主导的厂区生产具有极大威胁性，所以在日常的生产维护中，可以通过以下几点预防网络病毒的危害：

（1）制定网络攻击应急处置预案。

（2）定期检查杀毒软件病毒库更新情况。

（3）定期检查系统网络安全状态。

（4）升级工业网络安全防护系统。

（5）对所有工作站加装 SMX（USB 认证管理工具）或者禁用或限制所有 USB 接口。

六、净化装置液硫捕集器压力 PT-31301 引压管堵塞

（一）故障描述

某日，某厂四套净化装置克劳斯法回收硫黄系统液硫捕集器压力 PT-31301 时常出现压力低报、更甚无压力的现象。液硫捕集器压力显示不准或者无显示，容易导致操作工无法及时判断下游加氢炉炉膛压力，导致控制不准确，硫化物还原不佳，尾气超标，破坏环境。

（二）原因分析

（1）仪表本身问题或者回路故障。通过现场检查、测试，且四套净化装置都存在此现象，可排除仪表本体故障。

（2）确认变送器本身无问题后，打开变送器引压管排污阀后发现无气体排出，可以确定引压管存在堵塞不畅的情况。

（三）故障处理

1. 前期处理

（1）将压力表和变送器停用，关闭连接变送器和压力表的阀门。

（2）打开引压管（图 3-26）的放空阀，连接打压泵打压，直到将引压管疏通后将引压管积水排尽。

（3）关闭排污阀，正确投用压力表和变送器后压力恢复正常显示。

图 3-26　变送器引压管

2. 后期处理

打压疏通引压管一段时间后，此现象继续出现，通过现场拆开保温层测量发现，此取压口的温度仅有 110℃，远远低于硫黄熔点（119℃）的温度，必然会导致液硫固化堵塞取压口，造成测量的偏差。对取压口位置增加伴热盘管，增强伴热并恢复保温后，取压口温度大大提升，再也未出现过堵塞引压管造成指示偏差的现象（图 3-27、图 3-28）。

图 3-27　变送器引压管伴热盘管

图 3-28　整改伴热后图片

（四）经验教训

对于一些伴热要求较高的设备，要做好伴热的检查，运行时要确保在设备正常的工作温度范围内。

七、净化装置多点热电偶普遍出现断裂隐患

（一）故障描述

某厂净化装置多点热电偶共48支，分别位于一级转化器、二级转化器和R-401加氢反应器，一级和二级转化器主要作用是将过程气（H_2S 和 SO_2）与催化剂接触，使 H_2S 和 SO_2 反应生成硫单质和水；加氢反应器主要作用是将尾气中所含的 SO_2 和元素硫（COS 和 CS_2）等与还原性气体在催化作用下转化为 H_2S。多点热电偶的断裂会造成两大重要影响：一是无法正常监测转化器内温度，严重影响过程气（H_2S 和 SO_2）转化成硫单质效率；二是无法正常监测加氢反应器内温度，严重影响 COS 和 CS_2 还原成 H_2S 反应效率，未反应的 COS 和 CS_2 经尾气焚烧炉燃烧成 SO_2，造成烟气 SO_2 严重超标，引发安全环保风险（图3-29、图3-30）。

图3-29　现场实物　　　　　　　　图3-30　断裂部位

（二）原因分析

（1）热电偶铠装元件本身加工存在缺陷，导致应力集中，容易造成断裂。

（2）热电偶外保护套管振动诱发铠装元件和外保护套管共振，从而导致铠装元件应力最高部位出现裂纹。

（三）故障处理

（1）重新选定、选型：技术规格书重点强调化学分析、拉伸实验、硬度实验要求。

（2）安装时，确保铠装元件与外保护套管底部压紧，提高抗振性能(图 3-31)。

图 3-31　改进后

（四）经验教训

在仪表选型方面，要根据现场的工况要求，以及被测介质、温度、压力、仪表的材质、应力等多方面进行选择。

八、净化装置尾炉点火枪频繁烧坏

（一）故障描述

某日，某厂净化装置尾气焚烧炉点火枪频繁出现烧毁情况。尾气焚烧炉一体化长明灯造价高昂，烧毁频繁，严重影响安全生产，且停炉又造成尾气排放超标风险，频繁更换也导致作业风险增加；长明灯采用离子火检，位于枪头，枪头烧毁导致火检无法检测火焰，工艺人员无法判断长明灯是否处于燃烧状态，对安全生产造成较大的风险隐患(图 3-32)。

图 3-32　尾炉烧毁的点火枪

（二）原因分析

（1）空气和天然气的配比不对；之前尾炉空燃压力比参照克劳斯炉和加氢炉使用的是 1∶2，后应尾炉厂家要求改为其提供的参数后，问题依旧存在。

（2）点火枪过长，导致突出耐火层，受主火高温影响；利用检修的机会进入炉膛观察发现，点火枪突出耐火层的距离超过厂家标准 3cm，后经厂家改短点火枪，经过验证，问题仍然没有解决(图 3-33)。

图 3-33　长度改短后烧毁的点火枪

（3）点火枪材质耐高温程度不够，不足以抵抗长明灯火焰直接燃烧温度和主火火焰辐射热量；经联系厂家后，将点火枪材质升级为 410S，最高耐温 1040℃，点火枪火焰单独燃烧时，点火枪头部温度低于 230℃。经过验证，升级材质后的点火枪仍然存在烧毁的情况(图 3-34)。

图 3-34　材质升级后烧毁的点火枪

（4）枪头散热不好，导致温度过高；将点火枪冷却风阀门全开，经过验证，问题仍然未解决。

（5）主风管进口对着点火枪枪头，过氧燃烧产生高温，加之主风不停地对着高温枪头吹，导致碳化的枪头层层脱落。

（三）故障处理

采用热障涂层法对点火枪实施改造。即选用刚玉管加在最容易烧坏的点火枪的头部，刚玉管也起到隔热和防止枪头碳化后层层吹落，能够有效延长点火枪使用寿命。并且这种方法有造价低廉、容易操作、简单实用的优点。

采用以无机陶瓷材料和改性固化剂组成的双组分耐1730℃高温胶黏剂（图3-35、图3-36），可修复在高温工况下工作的设备，包括燃烧器点火装置。

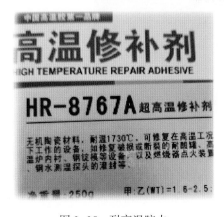

图 3-35　耐高温胶水

图 3-36　枪头涂抹胶水

热障涂层是一层陶瓷涂层，它沉积在耐高温金属或超合金的表面，热障涂层对于基底材料起到隔热作用，降低基底温度，使得用其制成的器件能在高温下运行，并能够在高温工作环境下有效降低热端部件温度。

涂抹胶水后，套上刚玉管，使其突出枪头约 2cm，按说明书使用方法，加温使其固化，连接稳固(图 3-37)。

图 3-37　改造成型的点火枪

（四）经验教训

（1）编制尾炉点火枪改造作业指导书，今后的改造均严格按照作业指导书执行。

（2）长期跟进改造后尾炉点火枪运行情况，并记录好相关数据。

（3）不断摸索和改进点火枪，延长使用寿命。

九、动力站燃烧器进口燃料电动调节阀无法精准调节

（一）故障描述

某厂动力站燃烧器进口燃料气电动阀共 8 台，分别控制动力站 A 炉、B 炉、C 炉三套锅炉正常燃烧反应，动力站 A、B、C 三台锅炉为全厂提供蒸汽。动力站燃烧器 8 台进口燃料气电动阀一直存在调节误差较大问题，最大开度误差可达 5%。电动阀的调节误差导致工艺措施无法正常调节燃烧器天然气进入量，严重影响全厂蒸汽管网波动，尤其是当电动阀小开度控制时，阀位的剧烈波动易造成动力站锅炉停炉，进而引发联合装置停车。

（二）原因分析

（1）电动阀阀杆和轴套间隙过大，造成执行机构和阀门的阀位不一致。

（2）工艺人员在调节阀门开度时，因无法确定电动阀正常开度时不停增加和减小阀门开度，会造成电动阀突然开大和减小，从而造成进口燃料气量波动，从而引发全厂蒸汽管网剧烈波动。

（三）故障处置

（1）待停炉检修期间，把电动阀阀杆和轴套进行固定，具体采用轴套钻孔、攻丝，用 M10 的螺栓进行限位固定，阀杆和轴套实现无缝连接。

（2）确保了动力站 A 炉、B 炉、C 炉的进料燃料气的精准控制，动力站运行至今没有再次因燃料气电动阀无法实现精准控制造成全厂蒸汽管网压力波动和锅炉停炉的情况（图 3-38）。

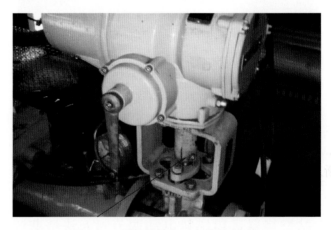

图 3-38　阀杆和轴套固定处理后图片

（四）经验教训

（1）针对动作频率较大的阀门，阀杆与轴套之间因磨损而导致间隙过大，无法保证精确控制。

（2）选用控制精度较高的品牌调节阀。

十、全厂一级、二级燃料气调节阀误动作

（一）故障描述

某日，某厂计量撬010-RTU 至 406-DCS-001 两套系统间通信不稳定，造成全厂一级、二级燃料气减压调节阀 010-PV-00501A/B、010-PV-00502A/B 无法精确调节和误动作，关联仪表电动提升杆球阀 010-XMV-00101、010-XMV-00102、010-XMV-00103 有误动作关闭风险，将造成全气田一级关断。比对系统中的历史曲线发现：

（1）010-RTU 至 406-DCS-001 两套系统间的通信中断达到 10 分钟/次，每天有 2 次。

（2）调节阀 010-PV-00501A/B、010-PV-00502A/B 失去精准控制，误操作现象出现，例如系统给予 0.2% 的开度，但当时阀未动作，30min 后突然动作 7%；全厂一级、二级燃料气减压调节阀 010-PV-00501A/B、010-PV-00502A/B 无法精确调节，易分别造成 406 单元动力锅炉净化装置主反应克劳斯炉、加氢反应炉和尾气焚烧炉的难以调节，产品不达标，停炉和尾气放空；若误动作阀门关闭，将造成对应的 406 单元动力锅炉联合装置主反应克劳斯炉、加氢反应炉和尾气焚烧炉停炉，触发联锁，装置停车。

（3）通信异常中断，引发 010-RTU 电动提升杆球阀 010-XMV-00101、010-XMV-00102、010-XMV-00103 误动作，若让其关闭，将造成整个气田一级关断，联锁关断采气厂、首站，将会造成极大的经济损失和环境危害。

（二）原因分析

1. RTU 系统分析

通过趋势图和系统构成情况综合分析，010-RTU 至 406-DCS-001 系统之间通信出现 5min 和 10min 的通信中断，之后通信自动恢复。010-RTU 和 406-DCS-001 系统之间通信中断，造成至 DCS 系统压力 PV 值变化，导致 406-DCS-001 系统调节器输出值异常增大 7%，引起燃料气管网压力波动（图 3-39）。

2. 控制信号及控制逻辑分析

现场检查压力变送器、调节阀至 010-RTU 信号线缆，010-RTU 至 406-DCS-001 系统之间通信电缆连接牢固可靠，无虚接、断线等情况。检查、诊断系统通信设置、组态及系统硬件均运行正常。

序号	位 号	阀门尺寸	状 态	正常开度	波 幅	影响范围	隐 患
1	010-PV-00501A		自动	30%	7%		
2	010-PV-00501B		手动	40%			
3	010-PV-00502A		自动	33%	7%		
4	010-PV-00502B		手动	45%			

图 3-39　一级、二级减压阀波动

综合分析系统间通信故障是 MODBUS485 通信不稳定造成的。010-RTU 系统已经连续运行近 5 年，RTU 系统运行环境差、线缆阻抗不匹配、转换器品质降低、干扰等原因，均有可能造成系统通信不稳定。

（三）故障处置

（1）适当增加手动状态下的 PV-00502B 阀阀位，降低自动状态下 PV-00502A 阀阀位，可降低 PV-00502A 阀失控状态下的运行风险。

（2）全厂燃料气一级、二级减压阀 010-PV-00501A/B、010-PV-00502A/B 因 RTU 控制器不定时出现信号中断故障，不能及时对一级、二级减压阀进行正常压力调节，易造成全厂燃料气管网压力波动，存在全厂停车风险，为了避免此风险，净化车间应要求现场对 010-PV-00501B、010-PV-00502B 进行手动限位（010-PV-00501B 限位到 40%，010-PV-00502B 限位到 50%）（图 3-40）。

图 3-40　现场手动限位后

（3）工艺及热力管网单元燃料气管网调节回路 PIC-00501 及 PIC00502 由 RTU 调节改为直接接入 DCS 调节。

（四） 经验教训

（1）针对特阀现场加强巡检，操作工也要加强对于特阀的盯盘。

（2）召开厂级专题讨论会，制定专项方案，进行应急处理。

第三节　电气系统

元坝气田电网在近几年的运行中，暴露出 10kV 集输线路频繁故障影响净化厂电力系统运行稳定性和气田生产连续性，电网继电保护现整定值不满足元坝区域复杂山区环境和雷暴、大风、大雾等恶劣天气下的条件等比较突出的问题。本节主要讲述了 6 起典型的气田电网故障的原因、处理措施及经验。

一、某气田电网谐振过电压引起系统失压晃电

（一）故障描述

某气田厂区内有 110kV 总变电站 1 座、10kV 及 0.4kV 变配电室 15 座，电网 110kV 和 10kV 系统为单母线分段运行方式，母联开关热备用。外供 10kV 集输架空线路 5 条，为气田各个井站场单回路供电。

某日 14：02，某气田遭遇雷电、暴雨、大风天气，110kV 总变电站电力调度控制中心室内照明灯光变暗，事故音响报警，SCADA 系统监控后台显示"过流保护信号动作""速断保护信号动作""零序过流保护动作""电压不平衡信号""PT 谐振报警信号""开关跳闸"等主要报文。在值班人员初步检查中发现，电网 10kV Ⅱ段母线系统发生谐振过电压并产生故障，造成Ⅱ段母线电压瞬间失压，并影响Ⅰ段母线电压瞬间下降，导致气田电网 10kV 系统发生晃电。同时，110kV 总站的Ⅱ段母线大部分电力负荷被转移到Ⅰ段母线上，有多个开关跳闸，有一部分变电所失压，另一部分变电所运行方式发生变化，具体故障现场描述如下：

1. 110kV 总变电站

第一净化装置 10kV 变电所Ⅰ馈线和Ⅱ馈线、第三净化装置 10kV 变电所Ⅱ馈线、净化水场 10kV 变电所Ⅱ馈线、集气总站 10kV 2#变压器馈线、厂外取水泵站 10kV 变电所馈线等 6 个开关柜，分别因"电流速断""差动速断"保护动作使其开关跳闸。

2. 各个 10kV 变电所

10kV 第一净化装置变电所的 10kV Ⅰ段和Ⅱ段进线开关的"差动速断"保护动作使其开关跳闸，全所失压；10kVⅡ段母线 PT 柜内的避雷器被击穿，PT 保险及小母线等有短路烧毁现象。

第三净化装置、净化水场、第四净化装置、循环水场、动力站、空分空压站 6 个 10kV 变电所，分别因Ⅱ段进线开关的"差动速断"保护动作使其开关跳闸和 110kV 总站 10kVⅡ段母线系统瞬间失压等原因，快切装置动作使其母联开关合闸，运行方式变为 10kVⅠ段母线带Ⅱ段母线运行，0.4kV 系统分列运行。总计 19 个过电压保护器有击穿或损坏现象。

（二）原因分析

1. 产生谐振过电压

10kV 集输西线发生单相间歇性接地，引起系统谐振。主要是雷暴天气下，线路 A 相发生间歇性接地，引起电网 10kVⅡ段母线系统谐振并产生过电压。

2. 三相电压不平衡

2# 消弧线圈因"过流"保护动作而跳闸。在系统发生单相接地时，消弧线圈的运行电流值达到了 55.5A，超过其保护定值 34.5A，"过流"保护动作开关跳闸，消弧线圈失去对系统的电流补偿作用，造成电网 10kVⅡ段母线系统三相电压不平衡。

3. 失压及晃电

系统谐振产生的过电压最大幅值为 17kV，电网 10kVⅡ段母线系统中性点电流达到了 74.9A。

第一净化装置变电所 10kVⅡ段母线 PT 柜内的避雷器，在整个系统中其绝缘能力同比其他避雷器等电力设施相对薄弱，系统谐振产生的过电压击穿了某一相避雷器并发生接地，在整个系统能量释放过程中，产生的接地弧光引起其他避雷器、PT 保险及小母线等三相接地短路故障并被烧毁，10kVⅡ段进线开关保护跳闸；三相短路故障还引起电网整个 10kVⅡ段母线系统三相电压瞬间失压。由于该变电所的快切装置没有过流闭锁功能，Ⅱ段进线开关保护跳闸后其快切装置启动，10kV 母联开关合闸，将正常运行的Ⅰ段母线投入永久性故障的Ⅱ段母线上，引起电网整个 10kVⅠ段母线系统三相电压瞬间晃电，同时Ⅰ段进线开关保护动作跳闸，全站失压。

（三）故障处置

（1）拉开 110kV 总站 10kV 集输西线馈线开关，电网 10kV Ⅱ 段母线系统三相电压不平衡消失。

（2）先恢复 10kV 第一净化装置变电所 10kV Ⅰ 段母线供电，10kV Ⅱ 段母线转检修，对 PT 柜进行隔离，0.4kV Ⅰ 段母线带 Ⅱ 段母线运行；隔离后，10kV Ⅰ 段母线带 Ⅱ 段母线运行，恢复全所供电。

（3）对全厂各个变配电所进行检查保护复位，配合工艺人员恢复现场生产。

（4）对各个变配电所进行全面检查，更换故障的过电压保护器，恢复各个变电所正常分列运行方式。

（5）对 10kV 集输西线进行故障点查找，排除故障恢复供电。

（6）对 5 条集输线路馈线开关柜综保装置的"零序过流保护"由信号改为跳闸，时间 0s。

（四）经验教训

（1）气田电网 110kV 总变电站厂区内的 10kV 电力系统主要以电缆的形式连接，10kV 集输线路主要以架空裸导线的形式连接，呈树状，纵横交错地分布在山区，沿途地貌非常复杂，山区具有降雨多、雾多、雷暴天气多、大风天气多等特点。架空线路发生单相接地故障时允许继续运行，但对天然气净化装置高危企业供电可靠性带来一定的影响，因此 10kV 架空线路应通过专用变压器及母线进行供电，与天然气净化装置 10kV 电缆连接形式的电力系统进行有效隔离。

（2）第一净化装置变电所快切装置将正常运行的母线投入故障母线上导致事故进一步扩大，虽然快切装置本身具有过流闭锁功能，但快切装置的运算能力是远远达不到综保装置的运算能力的，故其可靠性是不高的。应将综保装置的过流闭锁出口信号，通过硬连接方式连接快切装置的保护闭锁端口，通过综保装置再提供一个保护闭锁功能，使快切装置运行可靠性增加。

（3）消弧线圈的作用是系统发生单相接地时补偿电流，保护定值须结合本次事件及系统参数重新整定计算，确保其在系统发生单相接地故障时能起到作用。

（4）生产管理中心变电所两台变压器，一台变压器运行，另一台变压器热备用，正常时 0.4kV 系统Ⅰ段母线带Ⅱ段母线运行。母联开关无备用电源自动投入装置，当一路电源发生故障时，另一路电源无法自动投入，造成气田集输控制中心失电影响事故处置，所以应加装电源快速切换装置，达到两路电源互为备用的效果。

（5）气田电网受架空线路单相接地故障的影响，容易发生系统谐振，110kV 总站 10kV PT 为三线圈形式，可以将原 PT 三线圈形式更换为四线圈形式，增加一次消谐功能，降低系统发生谐振的风险。

二、10kV 集输线路单相接地引起系统谐振

（一）故障描述

某日 03：03，110kV 总变电站电力调度控制中心室 10kV 隔离站 SCADA 系统后台发出"10kV 集输线路零序保护报警信号""PT 谐振报警信号"，后台显示 10kV 隔离站 10kV Ⅱ 段母线三相电压不平衡，B 相电压为零，中性点电压升高。

电力调度通过在线视频监控发现 10kV 隔离变电站开关柜有烟雾产生，值班人员在现场发现 10kV Ⅱ 段进线开关柜电压表指示为零，母线 PT 柜内的电压互感器绝缘被击穿。

（二）原因分析

事件发生时为雷电、大风、暴雨天气，大风将一枯树枝刮到 10kV 集输线路某个通信基站分支线路的杆上变压器高压侧 B 相跌落保险上，在恶劣天气的影响下，导致 10kV 集输线路 B 相通过枯树枝发生间歇性的单相接地故障，引起 10kV 隔离站 10kV Ⅱ 段母线 PT 铁磁谐振，产生过电压，造成该 PT 的 A 相绕组绝缘被击穿烧毁。

（三）故障处置

（1）值班人员紧急拉开 10kV 隔离站 10kV Ⅱ 段进线开关，进一步检查发现 10kV Ⅱ 段母线 PT 开关柜 PT 发生故障烧毁。

（2）对 10kV Ⅱ 段母线 PT 开关柜进行隔离，恢复 10kV Ⅱ 段母线运行及其他馈线开关供电。

（3）对 10kV 集输线路进行事故巡线，发现并消除 10kV 集输线路某个通信基站分支线路的杆上变压器高压侧 B 相跌落保险的枯树，恢复 10kV 集输线路全线供电。

（4）对故障的 PT 进行更换，恢复 10kV 隔离站正常运行方式。

（四）经验教训

（1）值班人员沉着冷静、反应迅速地紧急拉开 10kV 隔离站 10kV Ⅱ 段进线开

关，避免了更多的设备损坏及衍生事故的发生。结合此次应急处置过程形成应急处置卡片，进一步提高整个班组值班人员的应急处置水平和能力。

（2）10kV PT 为三线圈形式，一次回路中性点直接接地，二次回路带消谐功能。在此次故障中，二次回路消谐功能虽起到一定作用，但对整个系统而言，如果值班人员未及时判断故障原因或处置时间长，二次回路的消谐装置可能会不能满足系统需要。因此，在一次回路上增加消谐功能，具体可在 PT 一次回路中性点通过增加消谐电阻的方式进行接地，可以降低系统发生谐振的风险。

三、某气田电网 110kV 洪化线雷击跳闸和晃电

（一）故障描述

某日发生雷暴天气。21：43，110kV 总变电站电力调度控制中心室内照明瞬间变暗，事故音响报警，SCADA 系统后台发出"110kV 洪化线纵联差动保护信号动作""110kV 洪化线 152 开关分闸""母联 112 开关合闸"等报警信号；经现场检查后发现，电网 110kV 系统已变为 I 段母线带 II 段母线运行，110kV 洪化线电源侧重合闸成功，洪化线带电空载；全厂部分高压、低压运行中的电动机跳车。

22：35，110kV 总变电站电力调度控制中心室内照明瞬间变暗，SCADA 系统后台发出"全厂 UPS 异常信号""某某高压电动机馈线开关分闸"等报警信号。经现场检查发现，110kV II 段母线发生 120ms 的电压波动，A、C 两相电压降低持续时间 0.5s，电压下降 45%，三相电压降低持续时间 0.7s，电压下降 70%；全厂部分高压、低压运行中的电动机跳车。

（二）原因分析

1. 110kV 洪化线跳闸原因

经调阅线路距离保护装置报警事件记录，显示 110kV 洪化线 27.7km 处有单相接地故障，运维人员在事故巡线时发现 106# 塔 C 相绝缘瓷瓶有雷击痕迹，雷电绕过线路避雷线直接击中该 C 相绝缘瓷瓶，造成单相接地短路，引起开关跳闸。

2. 110kV 洪化线晃电原因

经电力调度向国家电网广元调度中心询问，110kV 洪化线上级电网 220kV 架空线路因雷暴天气发生三相短路故障，导致 220kV 变电站瞬间失压，在线路重合闸过程中，造成 220kV 变电站 110kV 洪化线出现持续时间 120ms 的电压快速降低，引起 10kV II 段系统发生晃电。

（三）故障处置

（1）电力调度调出线路距离保护装置事件记录，确认 110kV 洪化线 27.7km 处发生 C 相单相接地短路故障，电源侧 163 开关重合闸成功，110kV 洪化线带电。

（2）电力调度向车间值班干部报告；车间值班干部经请示车间主任后，下令恢复 110kV 系统分列运行方式，110kV 母联开关转热备用。

（3）电力调度同值班人员恢复了 110kV 系统分列运行方式。

（4）110kV 洪化线再次发生晃电后，电力调度组织一路值班人员检查和记录现场开关及保护动作情况，组织另一路运维人员配合工艺恢复生产。

（5）次日，电力调度下令线路运维人员对线路进行故障巡视，查找雷击故障点。几日后，天气晴朗，对线路停电，更换受损绝缘瓷瓶。

（四）经验教训

（1）线路全线已经架设避雷线，雷击瓷瓶应是避雷线保护范围能力不够，造成雷电绕击线路或者直击线路。可以在铁塔装设避雷针，增大防雷保护范围。

（2）如果塔基的接地系统阻值不合格，雷电过电压不能快速泄入大地，线路上的雷电过电压通过污秽的绝缘瓷瓶对地就会发生闪络，造成线路单相接地。可以开展线路定期检修，清扫污秽瓷瓶，测试接地电阻，也可以在雷电活动频繁区域的线路上增设线路型避雷器 MOV，快速释放雷电过电压。

四、某气田电网 10kV 集输线路全线失电

（一）故障描述

某日，110kV 总变电站电力调度控制中心 SCADA 系统后台发出"10kV 集输线路零序保护动作报警""10kV 集输线路馈线开关分闸"等报警信号；经现场检查后发现，10kV 集输线路馈线开关负荷电流为 0A，开关已跳闸。

经过运维人员事故巡线，发现集输主线路的某一条分支线路发生故障，某杆上 C 相瓷瓶有细小裂纹，瓷瓶横担的抱箍与水泥杆之间有明显的放电痕迹。

（二）原因分析

（1）瓷瓶受外力影响或老化或质量原因，出现裂纹，绝缘水平下降；固定导

线瓷瓶的横担通过水泥杆与大地连接，当天气潮湿时，瓷瓶裂纹充满雨水成为导体，造成线路通过瓷瓶和横担单相接地。

（2）由于主线路的分支线路断路器无零序保护功能，任何一条分支线路发生故障后，集输线路总馈线开关都会跳闸。

（三）故障处置

（1）电力调度向厂生产调度报告集输线路全线失电，请某采气厂做好各个井站场使用应急发电机的准备。

（2）电力调度下令线路运维人员对线路进行故障巡视，查找故障点。

（3）运维人员确认某一条分支线路故障点后，一组人员恢复主线路供电并逐步恢复其他分支线路；另一组人员对故障分支线路进行抢修。

（4）恢复故障分支线路供电。

（四）经验教训

（1）建设期间，主干线的断路器、分支线路的断路器功能单一，品牌杂乱，无零序保护功能，任何一段主干线或一条分支线路发生雷击、短路、鸟害、树障等故障时，都会导致110kV总变电站的集输线路馈线开关越级跳闸，全线失电，影响正常生产。同时，10kV集输线路主要以架空裸导线的形式连接，呈树状，纵横交错地分布在山区，沿途地貌非常复杂，山区具有降雨多、雾多、雷暴天气多、大风天气多等特点，线路发生故障时查找时间长，运维人员面临山区地质灾害和恶劣天气带来的风险。应将所有线路断路器进行技术升级，更换具有智能自动化功能的断路器，某一段线路发生故障时，其断路器自动跳闸脱离线路，实现区间故障自动隔离功能。

（2）通过几年运行发现，线路固定式避雷器受环境影响老化劣变，在线路遭受雷击时，大能量的过电压很容易将避雷器击穿并形成永久性故障，外观上目测检查不出来，需要对线路停电后，拆除避雷器进行测试。可以将固定式避雷器拆除，升级更换为跌落式避雷器，当避雷器发生故障后，自动脱离线路，不会对线路形成永久性故障或间歇性故障，同时也方便于每年避雷器预防性试验，以及定期更换。

（3）10kV线路除了在变电站出口架设2km避雷线，其余线路无避雷线保护，一些线路经常受到雷击，虽然线路导线上装设了避雷器，但是在雷电活动频繁的区域，线路经常被雷电击中，导致系统电压波动、开关跳闸、甚至损坏设备，因此在雷电活动频繁的线路水泥杆顶部装设避雷针，将感应雷电压快速地泄入大地，降低直击雷击中导线的概率。

五、第二净化装置 A 泵高压电机轴承抱轴

（一）故障描述

某日，中控室操作后台显示"第二净化装置尾气吸收塔底泵 A 泵高压电机非驱动端径向轴承温度高高报警"，DCS 系统联锁电气控制回路使高压电动机开关跳闸，脱硫单元放空。现场对高压电动机盘车盘不动，电机非驱动端测试温度超过 100℃，有明显的烟气味道。

（二）原因分析

1. 油环外定位卡簧未安装到位

将该电机风罩、非驱动端外小盖拆卸，发现外小盖和轴承润滑脂碳化，熔化的润滑脂流出，用来定位挡油环和轴承的定位卡簧有一半没有卡进槽内，可能导致轴承会产生轴向位移，对轴承运行造成一定影响。卡簧示意图如图 3-41 所示。

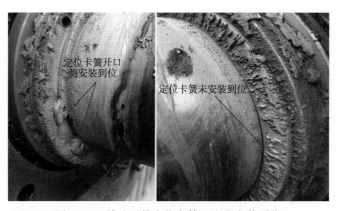

图 3-41　挡油环外定位卡簧一边未安装到位

2. 轴承可能存在质量瑕疵

检查电气巡检、定期状态监测和加注润滑脂等记录，此电机状态良好，轴承运行平稳，调取 DCS 的轴承温度曲线图发现，在电机非驱动端轴承抱轴之前温度一直稳定，排除电机轴承缺油造成烧损的可能。

事发前，DCS 显示轴承温度在 3min 内急剧上升至 180℃，在现场拆掉电机挡

油环和大盖时发现轴承保持架脱落，滚柱、轴承内外圈与残渣黏合（图 3-42），清洁后发现内小盖与轴磨损严重，出现 2 处裂纹并黏在轴上（图 3-43），轴承内圈与轴出现黏连并抱在轴上，经过技术人员分析，轴承本身可能存在质量问题，铸铜保持架在运转中突然破裂，在高速重负荷下，与滚柱和内外圈剧烈摩擦产生高温，造成轴承烧损和抱轴。

图 3-42　轴承架情况　　　　图 3-43　裂纹与黏连处

（三）故障处置

（1）电气运维人员联系工艺人员对该电机回路进行停电转检修。

（2）现场电机盘车卡死，非驱动端端盖测温温度高，初步判断轴承发生故障。

（3）测试电机绝缘和直流电阻正常，确定电机绕组正常。

（4）电机解体，查找和分析轴承故障原因。

（5）更换轴承，修复受损端盖等。

（6）空载运行正常；带载运行正常。

（四）经验教训

（1）加强运行电机状态监测管理，对电机存在异常的声音，重点监测电机振动值、温度值，检查油脂情况，必要时停机后做进一步检查。

（2）对新购轴承采取质量检测检验等措施，用外观检查、滑动检查、仪器测试等方法，确保轴承合格入库。

（3）严格管控电机检修质量管理，加强检修过程中每一道工序的质量跟踪、确认、验收等环节的管控。

六、中控室 UPS 不间断电源装置运行异常

(一)故障描述

某日,某气田中心控制室 DCS 操作台发出"中控室 2 号 UPS 运行异常"报警信号。电气运维人员检查发现 2 号 UPS 不间断电源装置的整流系统、逆变系统停止运行,负载开关已自动切换至静态旁路运行,由市电直接供电。

运维人员在把 2 号 UPS 手动切换检修旁路运行,在对 UPS 装置停机检查中,发现 IGBT 模块有短路烧毁痕迹,测量三相电源保险已熔断。

(二)原因分析

电子设施装置一般寿命在 8~10 年,在恶劣环境下长期运行时,寿命会缩短,该 UPS 在中控室的封闭环境下已经连续运行 5 年,受长期环境温度和灰尘等原因影响,部分模块和主板已接近使用寿命年限和绝缘性能下降,IGBT 模块自身老化发生短路故障,造成三相电源保险熔断,导致整流系统、逆变系统失电停止运行。

(三)故障处置

(1)运维人员把 2 号 UPS 手动切换检修旁路运行,UPS 装置转检修状态。

(2)检查中发现 IGBT 模块有短路烧毁痕迹,测量三相电源保险已熔断。

(3)更换新保险、新 IGBT 模块后,送电时发现 UPS 装置整流模块有放电现象,紧急停运,故障未排除。

(4)逐一拆除滤波主板、IGBT 模块等元器件进行性能检测,对性能下降的元器件进行更换。

(5)UPS 试机正常后,负荷由检修旁路转至 UPS 带载正常运行。

(四)经验教训

(1)运维人员在检测时发现,有一块滤波主板背面的电容引脚较长,当重新安装该滤波主板并固定后,进一步观察发现,电容引脚与柜体金属面板有接触。因此,在紧急抢修更换新 IGBT 模块后 UPS 试送电时,电容引脚通过柜体金属面板发生短路,所以在 UPS 装置送电运行时,整流模块有放电现象。因此,在更换任何主板时,要注意观察主板元器件的引脚是否过长。

（2）不排除某个主板的元器件引脚过长，虽与金属面板没有接触，但之间安全距离不够，受灰尘积累和温度、湿度影响，时常发生放电现象，最终导致 IGBT 模块发生故障。在任何 UPS 进行检修或发生故障后，要逐一检查主板的引脚，修剪过长的引脚，清除主板底部的灰尘。

（3）中控操作室与 UPS 室的中央空调为同一系统，相互无法独立调节温度，中央空调的温度调节受在岗员工限制。在类似的 UPS、变电所室内，应独立安装空调，或者在出风口加装手动控制的引风机，使室内快速降温。

第四节　在线分析仪表及取样器

在线分析仪表及取样器是天然气净化厂的重要组成部分，承担着实时过程数据监控及离线取样质量分析的任务。本节主要针对在线分析仪表及高压密闭、摇杆取样器出现的故障，进行分析总结。主要介绍烟气分析仪、硫比值分析仪、超声波流量计、原料气高压密闭取样器、摇杆采样器 5 种设备在运行中发生的典型故障案例。

一、烟气分析仪 SO_2/NO 共用切光组件故障报警

（一）故障描述

2017 年 4 月 14 日，140-AT-41701 烟气分析仪面板报警显示"SO_2 CHOPPER""NO CHOPPER"，SO_2 及 NO 测量值显示为零。报警画面如图 3-44 所示。

图 3-44　报警显示画面

设备重启后报警无法消除，打开仪表箱观察发现，SO$_2$/NO 共用切光组件供电电路板上红色 LED 灯亮，且绿色 LED 灯长亮，非正常情况下闪烁。指示灯下显示"RED LED ON　MOTOR FAIL"代表切光组件马达未正常工作(图 3-45)。

故障状态：
LED1红灯长亮，
LED2绿色长亮

LED1上电后自检红色闪烁，正常运行时不亮，红灯长亮代表马达未正常运行

LED1
LED2

RED LED ON
MOTOR FAIL

LED2上电后自检绿色闪烁，正常运行时绿色闪烁

图 3-45　切光组件故障报警

（二）原因分析

切光马达未正常工作的主要原因有：

（1）主板端供电故障。

（2）24V 电源故障。

（3）切光组件上电路板端供电故障。

（三）故障处置

（1）主板端供电故障。艾默生 XSTREAM 烟气分析仪 SO_2/NO 共用一个切光组件 CHOPPER1，CO_2 单用一个切光组件 CHOPPER2，两个切光组件可通用。两个切光组件互换主板端供电接口后显示，CO_2 切光组件正常工作，SO_2/NO 共用切光组件上红灯仍然亮起显示马达故障，可判断为非主板端供电故障原因。且故障切光组件切光片能明显看出在运转，排除主板供电故障。

（2）蓝色 24V 电源电压不稳原因。在带负载的情况下，用万用表测试 24V 电源输出正常，且更换新的切光组件后仪表恢复正常测量，排除 24V 电源故障。

（3）切光组件上电路板端供电故障。烟气分析仪内部气路气密性良好，暂未发现有电路板因泄漏造成的腐蚀现象，排除内部气路漏气腐蚀原因。当日，分析小屋由于仪表电源箱漏电保护器烧毁造成仪表电源突然中断，现场维护人员在恢复仪表电源后发现切光组件报警。

综上分析，故障应出在切光组件电路板上，由于其为集成电路，只能更换。更换新的切光组件后，上电自检成功后分析仪恢复正常运行。

（四）经验教训

（1）认真做好日常巡检及维护保养工作，发现异常及时处理。
（2）严禁在分析仪运行中强行断电，防止分析仪电子元器件损坏。

二、丹尼尔 MarkⅢ超声波流量计信号输出异常

（一）故障描述

2018 年 7 月 12 日，计量撬 C 路超声波流量计送检后回装，B/C 路串联后现场诊断超声波流量计流速、声速、平均增益、信噪比显示均正常，流量计状态栏无报警，显示超声波流量及测量正常。但 S600 流量计算机 STR01 有流量数据，STR02 无流量数据，同时 DCS 流量数据显示为零(图 3-46)。

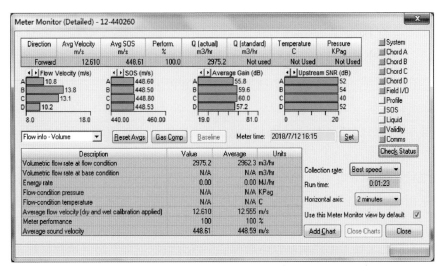

图 3-46　流速、声速、平均增益、信噪比显示均正常，流量计状态栏无报警

（二）原因分析

S600 流量计算机设置有两路流量显示，分别为 STR01 和 STR02。Mark Ⅲ 超声波流量计同时以 RS485 和脉冲频率信号向 S600 传输信号，对应关系见表 3-1。

表 3-1　对应关系

流　路	信号输出形式	信号输出线缆	端　口
STR01	RS485（Digital outputs）	485 双绞线	PORT A
STR02	脉冲频率信号（Frequency outputs）	4～20mA 红白信号线	DOFO GROUP1

STR01 流路有数据说明 Mark Ⅲ 外输 485 信号通信正常。S600 流量计算机与 DCS 通过 RS485 通信，组态地址为 STR02 上流量数据，STR02 上无数据说明脉冲频率信号中断。

（三）故障处置

（1）信号问题查找首先要查线的通断，是否因送检过程中损伤信号线，检查探头电缆外观无损伤，切通信显示探头信号正常，排除电缆问题。

（2）查通信设置，如频率因子（对 RS485 相应地查波特率）。万用表查通断及电阻（包括浪涌前、后），是否存在断路及短路情况。检查线缆后并不存在断路及短路情况，线缆问题排除。

（3）脉冲信号输出频率一般为 0～5000Hz，电压 0～5V。串联 B 路流量计信号频率显示为 1800～1900Hz，电压 2.7V，同理，C 路输出信号应与之相近。而测量其信号频率显示为 0，电压 0.07mV（约 0V），说明 Mark Ⅲ 无脉冲信号输出。Mark Ⅲ 同时有两路脉冲信号输出端口 DOFO GROUP 1 和 DOFO GROUP 2 可供选择，测量显示均无输出信号频率及电压。针对这一情况，咨询丹尼尔工程师，其表示终端板出现硬件故障的可能性为零。CPU 板存在 DOFO GROUP 1/2 的拨码开关，外送检定时，检定单位均需要使用脉冲信号输出端口，应该是拨码开关处在错误的位置。

打开 CPU 端检查发现，CPU 板上拨码开关 SW6 脉冲信号输出 Frequency Output 1A 及 1B 处在错误的 OC 侧，应拨至 TTL 侧。拨码开关改正方向后，测量输出端显示输出信号正常 1758Hz。同时，S600 及 DCS 也有正常流量数据显示（图 3-47、图 3-48）。

图 3-47　DOFO GROUP 1/2 拨码开关 SW6 及 SW7

SW6

–This switch is used for selecting Outputs Group 1 as an open collector or as a TTL 0–5 Vdc.

Digital Output 1A

Open Collector　SW6-1–OC Position
TTL　　　　　　SW6-1 – TTL Position

Digital Output 1B

Open Collector　SW6-2–OC Position
TTL　　　　　　SW6-2 – TTL Position

Frequency Output 1A

Open Collector　SW6-3–OC Position
TTL　　　　　　SW6-3 – TTL Position

Frequency Output 1B

Open Collector　SW6-4–OC Position
TTL　　　　　　SW6-4 – TTL Position

图 3-48　拨码开关设置说明

（四）经验教训

做好周期性现场诊断工作，发现异常及时处理。

（1）测量脉冲频率信号输出。测量频率，利用万用表 Hz 挡，同测量电压一样并联测量（图 3-49）。

图 3-49　万用表频率输出测量

（2）检查脉冲频率因子，Edit/Common Config 读取，然后进行查看，并对比 A/B 路看是否一致，同时需要对应查看 S600 端频率设置及波特率设置，应保持一致（图 3-50、图 3-51）。

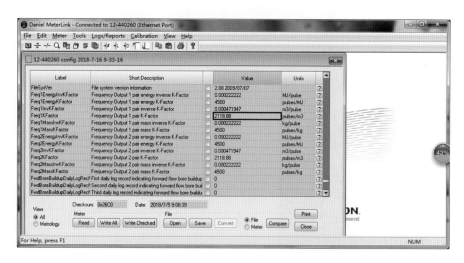

图 3-50　Freq K-Factor 显示 2118.88

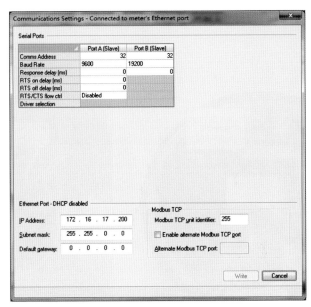

图 3-51　RS485 信号波特率设置

（3）检查线缆通断还可以使用信号发生器，模拟频率信号输出，频率<
5000Hz(一般 2000Hz)，电压<5V(一般 2.5V)，通过查看 DCS 及 S600 是否有数
据即可证明线路是否正常(图 3-52)。

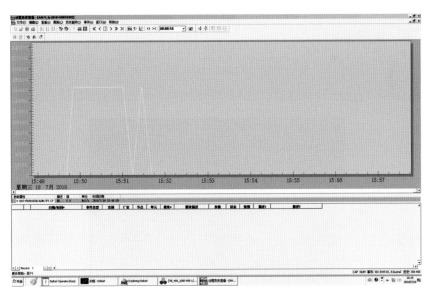

图 3-52　通过信号发生器给出 2000Hz、3V 信号，DCS 流量显示

（4）MarkⅢ通信板端口及实际接线说明如图 3-53、图 3-54 所示。

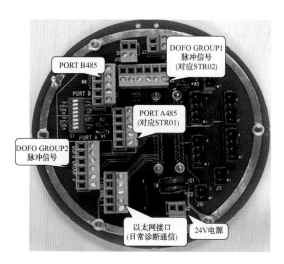

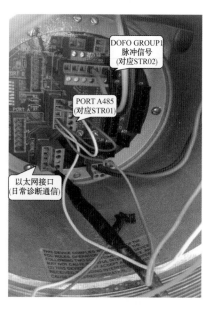

图 3-53　MarkⅢ通信板端口及实际接线说明　　图 3-54　MarkⅢ变送器实际接线图

三、烟气分析仪 CO_2 红外光源故障报警

（一）故障描述

2016 年 8 月 20 日，动力站 A 炉 406-AT-20102 烟气分析仪出现 CO_2 光源报警"CO_2 Source"，CO_2 测量值显示为零，断电重启后报警仍无法消除（图 3-55）。

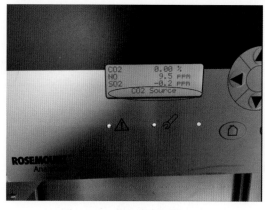

图 3-55　光源故障报警显示

（二）原因分析

光源报警一般为未检测到光信号或光源损坏。

（三）故障处置

重启设备报警无法消除。万用表测量 CO_2 红外光源阻值显示为无穷大，正常情况下 CO_2 红外光源电阻为 8Ω 左右，初步判断光源已烧坏（图3-56）。

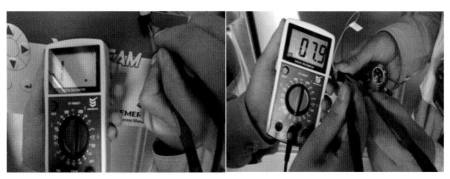

图3-56　故障光源与正常光源阻值对比

上电后，观察光源不发光，拆下光源仔细检查发现，灯丝有明显烧坏留下的黑色痕迹。综合以上现象确定光源已烧坏（图3-57）。

图3-57　故障光源与正常光源对比

（四）经验教训

（1）光源为易耗品，当发生 CO_2 光源报警时，判断 CO_2 红外光源是否烧毁的判断标准为：光源阻值是否在 8Ω 左右，阻值无穷大说明已烧毁。

（2）光源价值高，正常使用寿命 3~5 年，更换光源时应判断准确。

四、硫比值分析仪文丘里管硫黄结晶堵塞

（一）故障描述

2017 年 1 月 18 日 10：00，净化车间工艺人员通知 140-AT-31301 硫比值分析仪测量值异常。DCS 历史数据显示：H_2S/SO_2 周期性每 1.5h 一次的测量值回零现象(图 3-58)。

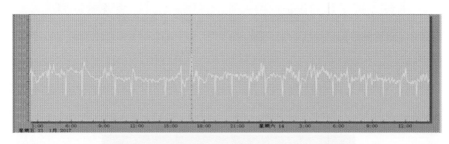

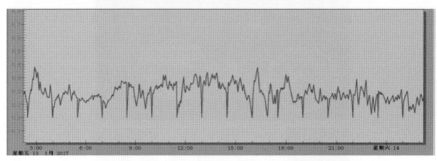

图 3-58　DCS H_2S/SO_2 周期性每 1.5h 一次的测量值回零现象

（二）原因分析

现场检查仪表处于样品循环状态，手动吹零后，仪表测量值短暂恢复正常，然后又出现回零状态。再次手动吹零后，测量值短暂恢复正常，然后再次回零。

压力检查发现当进样阀关闭、回样阀开启时，压力显示为 30.2psi，判断回样路堵塞。卸下文丘里管后，打开回样阀，回样阀出口有样气出且有压力，证明回样阀出口及环空通畅，未出现堵塞。仪表处于吹零状态，测量池出口端与文丘里管连接口出仪表风证明测量池出口通畅。综上，证明文丘里管堵塞。

四联合比值分析仪从开工至现在投用时间近 2 年，文丘里管由于利用仪表风引流，温度相对较低，样气中携带的少量硫蒸气、硫黄颗粒长时间累积导致堵塞。

（三）故障处置

拆卸文丘里管，疏通文丘里管后小心回装。回装完成后，保持进样阀关闭、回样阀开启状态，进入压力显示菜单，验证气室压力是否在正常范围内（13.5psi≤正常气室压力≤25psi）。

气室压力正常即可开启进样阀，同时确认回样阀开启，然后关闭仪表加热箱门，让仪表进入预热升温状态。当仪表进入样品循环，且除雾器温度显示达到 125℃时，打开进样旋钮，调整流量，观察压力表指针，只需要压力表的指针有一点抖动即可（图 3-59）。

图 3-59　文丘里管硫黄堵塞

（四）经验教训

（1）做好日常蒸气夹套伴热检查，避免造成堵塞。

（2）每日做好查看 DCS 巡检及历史数据查询。

五、原料气高压密闭取样器泄漏

（一）故障描述

计量撬010-SN-101/102高压密闭取样器(北京晟明宽TSI型)所取介质为原料气(含少量颗粒杂质，高含硫化氢6.5%，高压5.5MPa)。该取样器由减压箱及取样箱两部分组成。原料气经减压箱内过滤器过滤颗粒杂质，减压阀减压至0.4MPa后送至取样箱。该取样器取样箱部分使用情况良好，多次发生样品气泄漏为减压箱内部各元器件，如减压阀本体、压力表及过滤器接头所致。经多次维修及更换减压阀、压力表、过滤器等均不能彻底解决泄漏的实际问题(图3-60)。

图3-60　TSI高压密闭取样箱

（二）原因分析

减压箱伴热效果较差，容易造成减压阀内积液，且原料气带颗粒杂质，减压阀内接触介质的阀座及密封元件极易受到损伤而发生泄漏。另外，目前所用减压阀为国产减压阀，材质及质量因素也是造成泄漏频发的原因。

（三）故障处置

根据原取样器安装条件，预制一个增加有两级快速切断阀、过滤器、二级减压阀，并带蒸汽伴热盘管的减压箱进行安装改进。在保障充足的操作、维护空间，以及发生泄漏的同时，取样和维护人员能够快速切断气源进行维护，保障人身安全。主要处置措施有：

（1）减压箱内设置切断阀，若原料气根部阀存在内漏时，维修时可快速切断取样器内气源。

（2）增大减压箱内空间，方便取样操作及维护维修。

（3）改良减压箱内蒸汽伴热盘管伴热效果，减少因减压积液造成的减压阀损坏，提高减压阀的使用寿命及效果。

（4）更换进口减压阀(美国 Tescom)，减压阀接触介质的密封圈、阀座升级为聚四氟、阀体 316L 不锈钢材质，更耐腐蚀，可大大减少泄漏情况的发生频率（图 3-61、图 3-62）。

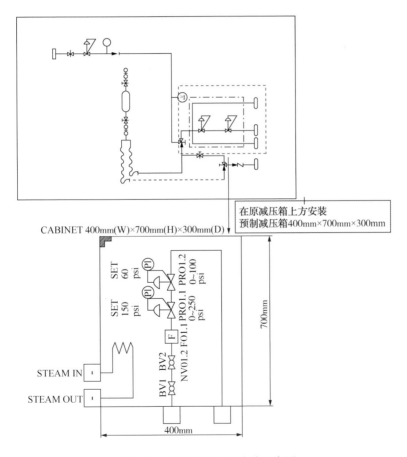

图 3-61　取样箱预处理改造示意图

图 3-62　取样箱预处理改造实物图

（四）经验教训

（1）做好日常检漏工作，发现漏点及时处理。

（2）做好日常伴热检查，发现异常及时处理。

（3）取样时，务必做好个人防护，建立呼吸取样。

六、在线摇杆取样器摇杆断裂

（一）故障描述

在线摇杆采样器主要用在元坝净化厂硫黄回收单元过程气取样中，位号 SN-303 至 SN-308，使用过程中频繁发生摇杆断裂，统计显示每根摇杆平均使用寿命仅为半年。更换频次高，严重影响取样及室内分析，另外由于过程气高含 H_2S，维修过程安全风险高（图 3-63）。

（二）原因分析

（1）取样操作原因。位号 SN-303 至 SN-308 过程气取样频次为每周一次，每次取样后都要求摇杆摇到位，防止液硫外渗，且操作规范。排除人为野蛮操作原因造成。

（2）安装位置过程气无蒸汽伴热，实际维修工作中存在液硫较多的问题，长期使用过程中由于填料老化磨损，导致摇杆表面附着的固体硫黄越来越多，且摇杆连接件腐蚀严重，开关时阻力逐渐增大，最后直接导致摇杆连接螺钉断裂。

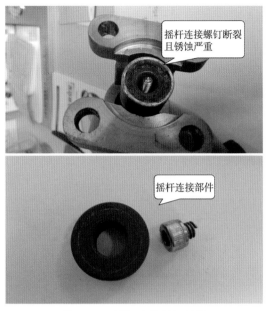

图 3-63 摇杆连接螺钉断裂

综上，摇杆断裂主要是长期使用导致填料老化磨损变形，液硫外渗冷凝，阻力逐渐增大，以及摇杆连接件锈蚀严重等综合原因导致(图 3-64)。

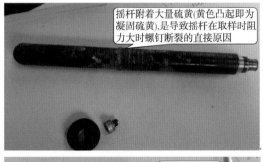

图 3-64 摇杆连接螺钉断裂原因分析

（三）故障处置

通过改进连接方式，增强连接件的抗拉强度，避免再次发生断裂。自购连接件并加工改造 40 套摇杆，进行现场使用，然后建立维修更换台账，统计跟踪改进效果（图 3-65、图 3-66）。

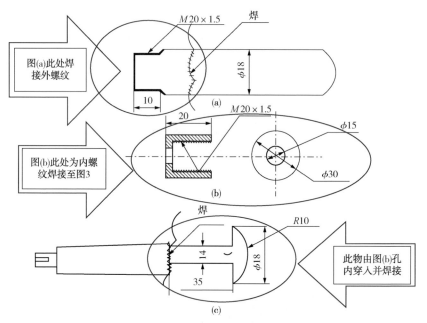

图 3-65　摇杆连接件改造设计图（单位：mm）

图 3-66　摇杆连接件改造实物图

（四）经验教训

（1）做好日常维修、更换台账管理，统计使用时长及故障率，便于日后不断改进。

（2）定期做好密封填料的更换，避免填料环空积硫过多造成阻力大。

（3）可考虑增加蒸汽伴热，减少硫黄冷凝积累，也可减小断裂的可能。

第五节　电信系统

一、全厂监控键盘离线

（一）故障描述

某日，某厂人员在巡检电信系统时发现全厂监控键盘均无法控制摄像机动作（图 3-67）。

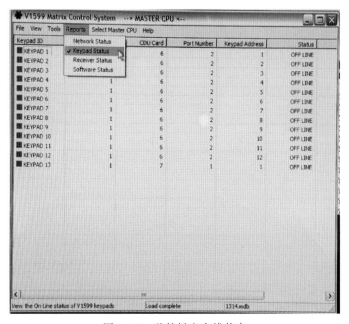

图 3-67　监控键盘在线状态

（二）原因分析

1. 视频矩阵通信分配单元信号通信中断

目测矩阵视频监控通信分配单元上 Operational（操作）及 Active（活动）指示灯均未正常点亮，说明该设备与其他设备信号通信存在异常（图 3-68）。

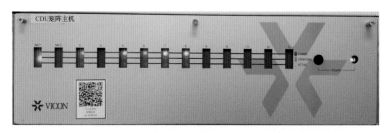

图 3-68　视频矩阵通信分配单元操作及活动指示灯未正常点亮

2. 视频监控交换机网络端口及网线故障

在视频矩阵中央处理单元上 ping 通信分配单元的 IP 地址。显示无法 ping 通。

用寻线仪检查矩阵中央处理单元与通信分配单元之间通信网线，发现两台设备之间的网线损坏。

视频矩阵通信分配单元连接在视频监控交换机上的网络端口无数据传输指示。说明视频监控交换机上的网络端口存在异常。

（三）故障处置

（1）更换视频矩阵中央处理单元与通信分配单元之间的通信网线。

（2）制作一条交叉线对矩阵中央处理单元与通信分配单元进行直联，故障得到彻底消除。

（3）测试各监控键盘切换监视器、控制摄像机动作均恢复正常。

（四）经验教训

（1）加强视频监控系统后台设备线缆及信号传输连接的巡检力度。

（2）不要过分依赖国外品牌设备的可靠性。出现问题，应对设备连接线路进行排查。

二、厂内多个办公区域网络瘫痪

（一）故障描述

某日，某净化厂先后收到多个办公区域无法连接网络的通知，影响正常办公。

（二）原因分析

（1）该厂办公网络是各个办公区域终端设备向中心控制室汇聚层核心交换机统一发送数据请求和接收数据信息的。由中心控制室一台 DHCP 服务器统一分发 IP 地址给终端用户。

（2）各个办公区域使用交换机或路由器进行上网办公。路由器会自动向终端设备分配 IP 地址。

（3）如果某区域人员将网络进线错接在路由器 LAN 口上，将终端设备线缆错接在 WAN 口上，将会造成路由器向接入层中各办公区域分配 IP 地址。

（4）如有网络终端设备获取到该区域路由器分配的错误 IP 地址，将无法正常连接网络。

（三）故障处置

（1）使用1台网络终端设备连接到接入层中，在获取某区域路由器分配的错误 IP 地址后，使用网络测试软件扫描到该网段中所有终端设备网络信息(图 3-69)。

IP地址	MAC地址	网卡厂商
192.168.1.1	BC:54:FC:AE:A7:A3	SHENZHEN MERCURY COMM...
192.168.1.100	50:5B:C2:CF:59:C7	
192.168.1.103	64:5A:04:71:6C:7C	Chicony Electronics Co., Ltd.
192.168.1.104	F8:C3:9E:CE:37:1B	
192.168.1.255	64:5A:04:71:6C:7C	Chicony Electronics Co., Ltd.

图 3-69　网络测试软件扫描信息

（2）获取该区域路由器 MAC 地址后，登录核心交换机，查询错接网线的路由器 MAC 地址所在区域位置。

（3）对其进行告知并摘除路由器后错接网线后，厂内办公网络恢复正常。

（四）经验教训

（1）告知各办公区域人员关于网络使用的方法及网络传输设备的接线方法。

（2）如有新增、拆除、修改网络传输设备使用的情况，请通知电信专业人员到场处理。

三、应急指挥客户端联动视频监控失效

（一）故障描述

某日，某厂在例行测试应急指挥系统联动运行情况时，发现无法联动摄像机和监视器动作。

（二）原因分析

（1）应急指挥工作站网络连接异常。

（2）应急指挥系统报警信号采集服务器无报警信号输入。

（3）应急指挥系统视频联动服务器网络连接异常，或监控联动相关程序未正常运行。

（三）故障处置

（1）检查应急指挥工作站网络连接情况，能 ping 通应急指挥管理服务器，说明网络连接正常。

（2）观察应急指挥报警信号采集服务器，现场传输至应急指挥系统信号值呈跳变状态，且应急指挥工作站上能正常收到现场报警信息。项目报警信号采集服务器运行状态正常（图 3-70）。

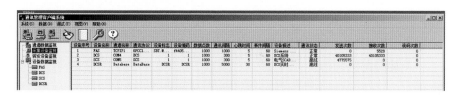

图 3-70　报警信号采集服务器采集设备监控有效

（3）检查视频联动服务器任务管理器，发现视频联动程序未正常运行。重新启动该程序后，应急指挥系统恢复正常联动功能（图 3-71）。

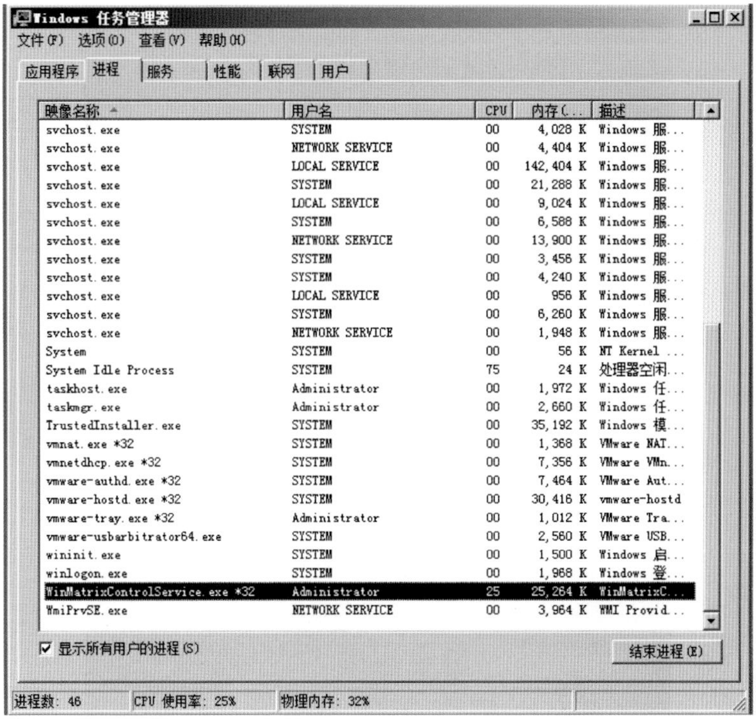

图 3-71　Win Matixx Control Servce 程序异常终止运行

（四）经验教训

加强应急指挥系统后台设备巡检力度。加大应急指挥系统例行测试范围和频次。及时发现问题，及时处理。

四、办公区域应急广播无音频输出

（一）故障描述

某日，某厂在例行测试全厂应急广播呼叫时，发现 2 号办公区域扬声器无音频输出。

（二）原因分析

（1）音频矩阵 2 号输出口至 2 号功率放大器连接异常或线缆损坏(图 3-72)。

图 3-72　音频矩阵背板接线

（2）音频矩阵 2 号输出口损坏。

（3）2 号功率放大器音频故障或音频输出口损坏（图 3-73）。

图 3-73　功率放大器背板接线

（4）2 号办公区域扬声器接线端子异常。

（三）故障处置

（1）使用寻呼话筒 2 号对办公区域进行喊话的同时，测量音频矩阵信号输入端和 2 号功率放大器上 CH2 输入端，均有 1.xV 电压输入，为正常状态。

（2）测量 2 号功率放大器输出端无电压输出。正常情况下，应有 100V AC 左右电压输出。

（3）将音频矩阵上 1 号、2 号音频输出口的 6.5mm 转 3.5mm 音频转接插头对换位置后，使用寻呼话筒分别对 1 号、2 号办公区域线路进行呼叫。发现 1 号办公区域应急广播无音频输出，但 2 号办公区域音频输出正常。说明，从寻呼话筒至音频矩阵 2 号输出口和 2 号办公区域线路应急广播运行情况正常，线路连接状态正常。

（4）综合 2 号功率放大器无电压输出的故障现象来看，该功率放大器存在故障。取出备用功率放大器对其进行更换后，2 号办公区域应急广播恢复正常。

（四）经验教训

（1）功率放大器出现故障的现象虽说十分少见，但不排除再次出现此类故障。应采购备用设备，以便于及时维修和更换。

（2）功率放大器有110V 输出和220V 输出接线方式。接线时，应遵循系统要求，避免将使用低电位的设备接入高电压端子，造成设备损坏。